Ver 2.1
최신판

신경수와 함께하는

21세기 토목시공기술사

강의노트

신경수·김재권 지음

www.seoulpe.com
서울기술사학원

BM (주)도서출판 성안당

모든 시험이 그렇듯이 기술사 시험 합격을 위해서는 올바른 방향과 방법은 기본입니다. 더불어 좋은 교재의 선택은 필수입니다.

기술사 강의를 하면서 가장 짧은 기간에 전체적인 흐름을 전달하기 위한 노력으로 토목시공기술사 흐름노트(요약집)를 작성해 왔는데 21세기 토목시공기술사 본서를 공부하는 수험생분들에게 좀더 나은 편의성을 제공하고자 "21세기 토목시공기술사 – 강의노트"를 출간하게 되었습니다.

기술사 공부는 흐름을 이해하고 분류를 파악하는 것이 합격의 지름길인데, 본 교재 "21세기 토목시공기술사 – 강의노트"에는 기술사 합격에 필요한 흐름과 분류가 모두 포함되어 있습니다. 또한 본 교재는 각 공종별 기본 흐름 및 분류에 대한 단순 명쾌한 설명은 물론이고 지금까지 일반 교재에서는 찾아볼 수 없는 기본공종과 전문공종과의 연관성, 중요 keyword에 대한 각 공종별 연관성 등을 제시하였습니다.

기술사 시험은 무조건 많은 시간을 투자하고, 많은 내용을 암기한다고 해서 좋은 결과를 얻을 수는 없습니다. 기술사 시험합격은 흐름과 개념에 대한 파악 없이 책을 보는 물리적 시간이 아닌 흐름과 개념의 이해 속에서 출제자의 의도를 파악하며 답안을 정리하는 논리적 시간에 의존합니다.

더불어 기술사 공부는 전략적 사고방식으로 무장한 머리로 하는 것이지, 무계획적인 인내와 절제로 하는 것은 절대 아닙니다.

기술사 시험은 전체 "흐름"을 이해하고, "개념"을 파악하고, "분류"를 정확히 할 수 있다면 합격의 팔부능선을 넘은 것과 다를바 없습니다.

본 교재는 저와 김재권 교수가 시험에 대한 최단기 합격의 목표와 전략을 가지고 진행해온 서울기술사학원 21세기 토목시공기술사 강의의 핵심을 다룬 책으로 수험생 여러분들의 단기간 합격에 큰 힘이 되어드릴 것입니다.

물론 해마다 변하는 출제위원과 채점위원들의 경향을 따라 기술사 수험준비의 방향도 꾸준한 궤도수정을 해야 하기 때문에 근간에 수정 및 제정된 표준시방서 및 설계기준 등을 바탕으로 본 교재가 작성되었습니다.

본 교재를 준비하면서 도움을 주신 분들이 많지만, 토목시공기술사 강의의 영원한 동지이자 동반자인 김재권 교수의 노고에 깊은 감사를 드리고, 항상 따뜻한 미소로 격려해 주시는 김재봉 서기회(서울기술사학원 합격자 모임) 회장님께 깊은 감사를 드립니다. 아울러 동고동락하는 조준호 박사를 비롯한 학원 가족들에게 큰 고마움을 전하며, 또한 본서의 출간을 흔쾌히 맡아주신 성안당 황 전무님과 회장님께 깊은 감사를 드립니다.

서울기술사학원
신 경 수 원장

Contents

토목시공기술사

토목시공기술사

PROFESSIONAL ENGINEER CIVIL ENGINEERING EXECUTION

콘크리트
(Con'c = 기본 + 흐름)

---

1 **Con'c 기본 – 요구 조건, 관련 3식, 문원요, W/B**

(1) Con'c 요구 조건 – 굳지 않은, 굳은, 좋은

    1) 굳지 않은 Con'c – 작업에 적합한 Workability = 재료 분리 저항성+작업 용이성

                       cf) Pumpability = 유동성+압송성

    2) 굳은 Con'c – 강내수강 – (소요의 강도+내구성+수밀성+강재 보호 성능)+균질할 것

    3) 좋은 Con'c – 강내시경 – (강도+내구성+시공성)+경제성

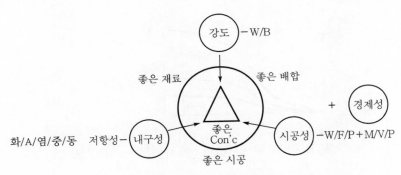

▶ 좋은 Con'c를 만들기 위한 요소

(2) Con'c 관련 3식 – 제조, 수화, 중성화

    1) **제조(Cement)** : $\underset{석회석}{CaCO_3} \xrightarrow[10hr]{1,400℃} \underset{생석회}{CaO} + CO_2 \uparrow$ (대기오염)

    2) **수화(1,2차 반응)** : $\underset{생석회\ 1차\ 반응}{CaO + H_2O} \underset{폭열}{\rightleftharpoons} \underset{2차\ 반응}{Ca(OH)_2} + 125cal/g$ (수화열)

    3) **중성화(탄산화)** : $\underset{소석회}{Ca(OH)_2} + CO_2 \longrightarrow CaCO_3 + H_2O \downarrow$ (수축)

$\left. \right\} \rightarrow$ Cement의 풍화

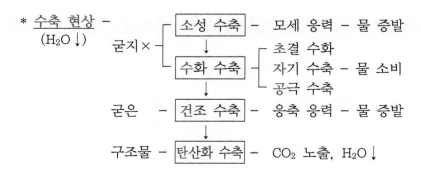

* <u>수화열(125cal/g)</u> → 온도 증가 ─── 온도 응력 증가 ─── 온도 균열 발생

	저감 방안	제어 방안	저감 방안
	재료:저열 Cement	수축 이음/신축 이음('09 개정)	섬유 보강
	시공:Cooling Method	분할 타설/초지연제	보강 철근
	소극적 대책		적극적 대책

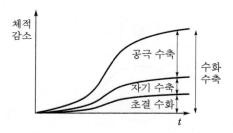

* <u>수축 현상</u> ─
  (H₂O↓)

굳지× ─┬ [소성 수축] ─ 모세 응력 - 물 증발
       │   ↓
       │   ┌ 초결 수화
       └ [수화 수축] ─┼ 자기 수축 - 물 소비
              ↓   └ 공극 수축

굳은 ─ [건조 수축] ─ 응축 응력 - 물 증발

구조물 ─ [탄산화 수축] ─ CO_2 노출, H_2O↓

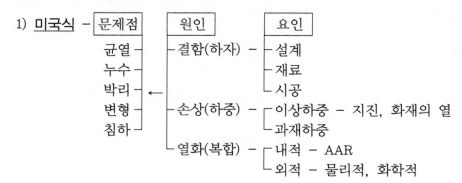

* 자기 수축 : W/B 작고 W 큰 Con'c에서 큼. → 고강도 Con'c

(3) 문제점에 대한 원인 및 요인 - 문원요

1) <u>미국식</u> ─ [문제점]   [원인]   [요인]

균열 ─┐
누수 ─┤   ┌ 결함(하자) ─┬ 설계
박리 ─┼←   │   ├ 재료
변형 ─┤   │   └ 시공
침하 ─┘   │
                ├ 손상(하중) ─┬ 이상하중 - 지진, 화재의 열
                │   └ 과재하중
                └ 열화(복합) ─┬ 내적 - AAR
                              └ 외적 - 물리적, 화학적

2) <u>일본식</u> ─ 원인
    ├ 자연적 ─ ┌ 내적
    │   └ 외적
    └ 인위적 ─ ┌ 설계
             ├ 재료
             ├ 시공
             └ 유지 관리

(4) 물/결합재비(W/B) ─ 미+영

        * B=C+F, 범위 30~40%, 단기 강도↓, 장기 강도↑

1) 콘크리트에 미치는 영향

W/B↑ ┌ W↑ ┌ Con'c 내부 ─ Bleeding↑ ┌ 내적 ─ 철근 부착성, 수밀성↓
     │   │   └ 외적 ─ Sand Streak,
     │   │   Laitance, Crack↑
     │   └ Con'c 측면 ─ Channeling↑ ─ Sand Streak, Laitance, Crack↑
     └ B↑ ┌ 경제성↓
            └ 수화열 ─ 온도↑ ─ 온도 응력↑ ─ 온도 균열↑

    <u>특성</u> ─ W/B 크다 → 단위수량 W 크다

낮은 W/B	35% 40%	높은 W/B
크다	압축 강도	작다
크다	점성	작다
작다	유동성	크다

2) 물/결합재비에 영향을 주는 요인

① 재료 ─ 결성골채 ─ 성능 개선재, 입도, …

② 설계 ─ 규격/치수 ─ 강내수강, …

③ 배합 ─ G_{max}, s/a, Slump

④ 시공 ─ 계비운타다, … ─ W/F/P+M/V/P

2   Con'c 흐름 – 재+배+시 → 굳× → 굳○ → 구조물

* 결성골채+원종강+계비운 → 성재균 → 성이균 → 관열균

ACP-결성골채(석분), CCP-결성골기(Bar, 분리막)

(1) 재료 – 결성골채

  1) **결합재(Cement)** – 분류, 성분, 문제

    ① 분류

      ㉮ 포틀랜드 – 보통, 중용열, 조강(한중 4℃↓), 저열(서중 25℃↑),

        내황산염 시멘트

      ㉯ 혼합 – 포틀랜드 시멘트+혼화재

        * 2성분계(포틀+혼화재 1EA), 3성분계(포틀+혼화재 2EA)

      ㉰ 특수 ┬ 기존 – f_{28}

	조강	초조강	초속경	Alumina
	7일	3일	1일	0.5일

          └ 최근 ┬ DSP(Densified with Small Particle) = 포틀랜드C+초미

              립자 물질 → 공극 치밀 → 고성능

            ├ MDF(Macro Defect Free) = 포틀랜드C+유기 중합체

              → 공극 치밀 → 고성능(Creep 문제)

            └ Belite = 포틀랜드 시멘트 성분 중 Aluminate↓, Belite↓

              → 저발열

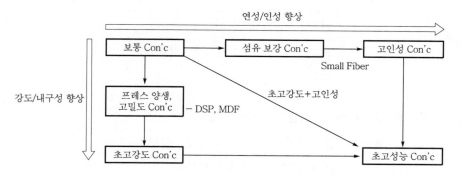

    ▶▶ MDF 시멘트의 성능 혁신 방향 – 적용성 : 특수 Cement, 고성능 Con'c

② 성분

㉮ 주성분 - CaO(생석회), Al_2O_3(알루미나), SiO_2(실리카)

㉯ 부성분 - 마그네시아, 산화철, 알칼리(K_2O, Na_2O, CO_3), 아황산

③ 문제

㉮ 풍화 ┌ 수화 - CaO+H_2O ⟶ Ca(OH)$_2$+125cal/g(수화열)

— 긍정(강도), 부정(열)

└ 탄산화 - Ca(OH)$_2$+CO_2 ⟶ $CaCO_3$+H_2O↓(수축)

㉯ AAR = 시멘트 알칼리 성분+골재 실리카 성분 → 흡습성 Rim+물 → 팽창

Key note

2) **성능 개선재**(혼화 재료) − 혼화재, 혼화제 − 이수경계

① 혼화재 − 분류, 특성　　　　　　* Cement 질량의 5% 이상

㉮ 분류

```
┌─ 2차 반응 ┬─ 직접(포졸란 반응) ┬─ Fly ash 2볼 − 2차 반응, Ball Bearing
│           │                    │              (Worka↑ → W/B↓)
│           │                    └─ Silica fume 2볼공 − 공극 채움(분말도
│           │                                   200,000cm²/g, 시멘트 3,000)
│           └─ 간접(잠재 수경성) − 고로 Slag 2알고 − AAR 저항성 大,
│                                              고정 염화(염해 저항성 大)
└─ 수화물 형성 − 팽창재
```

㉯ 특성

고로 Slag: H₂O와 반응 → 산화 피막 형성

H_2O와 반응 → 산화 피막 형성

$Ca(OH)_2$와 반응 → 산화 피막 파괴

H_2O와 반응 → 수화 고결(수경성)

▶ 고로 Slag 잠재적 수경성 Mechanism　　▶ AAR 팽창률 그래프

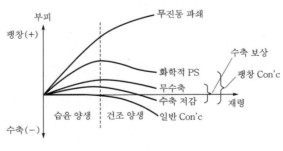

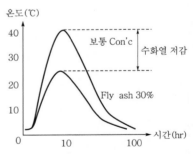

▶ 팽창압 크기에 따른 특성 그래프　　▶ 혼화재 사용에 따른 수화열 저감 효과

구분	Fly ash	Silica Fume	고로 Slag
분류	A,B,C Type	농축, 활성, Micro Silica	괴재, 수재
효과	2, 볼	2, 볼, 공	2, 알, 고
특징	AE제 흡착 주의	분말도 200,000cm²/g	잠재적 수경성
온도	서중/Mass Con'c	PC/고강도 Con'c	해양/서중/Mass Con'c

② 혼화제 – 분류, 특성　　　　　　 * Cement 질량의 5% 이하

㉮ 분류 – 경계

┌경화 시간 조절┌지연제, 초지연제 : 지연제 – 서중 적용, 당류
│　　　　　　　└촉진제, 급결제 : 촉진제 – 한중 적용, 염류(이온 활성화
│　　　　　　　　　　　　　　　　　→반응 속도 증가)
│　　　　　　　　 * 감수제와 유동화제는 복합 발전으로 같은 의미로 혼용
└계면 활성 작용
　┌고체 표면 흡착 – 유동화제(단위수량 유지), 감수제(＝분산제, 단위
　│　　　　　수량 감소) → 유동성 향상
　┌원리 – Cement 입자 분산 → Workability↑ → W/B↓ → 강내수강↑
　└발전 – 1960년대　　1980년대　　　1990년대　　　2000년대

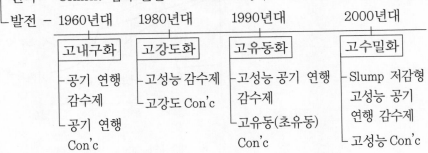

　└ 표면 장력 저하 – AE제(＝공기 연행제, 동결 융해 저항제)

　┌ 원리 및 효과 – ABC Ball Bearing 효과(Worka↑ → W/B↓, …),
　│　　　　　Cushion 효과(내동해성)
　├ 공기 – 갇힌 공기(Entrapped Air) – 강도 저하,
　│　　　　연행 공기(Entrained Air) – 내구성 향상
　├ 공기량 –　　　4.5%　　　　 7.5%
　│　　　　　━━━━━━━━━━━━━━━
　│　　　　　내동해성↓│허용 오차 1.5%│강도↓
　├ 사용량 – 0.03~0.05%
　└ 사용 시 주의 사항┌ 여름철 효과 저하, Fly ash 흡착 주의(혼용 시)
　　　　　　　　　　　└ 과다짐 주의(기포 파괴→공기량↓→내동해성↓),
　　　　　　　　　　　규정량 준수

㉴ 특성

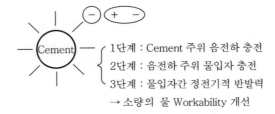

1단계 : Cement 주위 음전하 충전
2단계 : 음전하 주위 물입자 충전
3단계 : 물입자간 정전기적 반발력
→ 소량의 물 Workability 개선

▸▸ 감수제의 감수 Mechanism

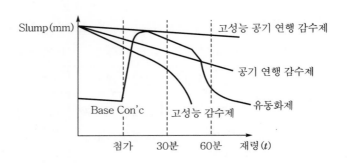

▸▸ 감수제의 Slump 변화 그래프

Key note

③ 필수 대제목

㉮ 양(사용) – 과다 사용 시 – 공기 연행제(강도↓), 유동화제(재료 분리),
　　　　　　 급결제(강도↓)

㉯ 주의 사항 ┬ 사용 전 ┬ 선정 – 품질(KSF 합격품)
　　　　　　 │　　　　 └ 보관 – 고체(흡수, 수화, 풍화, 변질),
　　　　　　 │　　　　　　　　　　 액체(응고, 분리, 동결, 변질)
　　　　　　 └ 사용 중 ┬ 시기 – 계절
　　　　　　　　　　　 └ 궁합 – 응결(이상)+용해(불능)

㉰ 효과 – F/A(2볼), S/F(2볼공), 고로 Slag(2알고), 공기 연행제(ABC)

Key note

3) 골재 – 분류, 함수 상태, 조립률

① 분류

㉮ 산지 – 인공 골재, 천연 골재, 부산물

㉯ 입경 – 잔 골재, 굵은 골재(입경 5mm 이하, 이상)

㉰ 비중 – 경량, 보통, 중량 골재(비중 2, 3 기준)

㉱ 특수

	구분	물리적	화학적	대책
조개	해사	Workability ↓	염해	세척, 침적, 혼합, 제염제
균열	순환	흡수율↑, 강도↓	AAR, 동해	Prewetting
공극	경량	흡수율↑	중성화	Prewetting
비중	중량	재료 분리, 취성 파괴	AAR	고로 Slag
입형	부순	Workability ↓	AAR	고로 Slag

* 순환 골재 Con'c ┌ 적용 – _____ 21 _____ 27MPa
    　　　　　　　　　　　　　사용 可　잔골재 不可　사용 不可
    　　　　　　　　└ 기준 – 흡수율(굵은 골재 3%↓, 잔 골재 5%↓),
    　　　　　　　　　　　　　AAR(무해할 것)

② 함수 상태 – 모식도, 미영, 특성

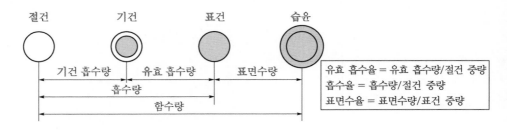

▶▶ 골재의 함수 상태

㉮ Con'c에 미치는 영향 – 함수량↑ → 단위수량 W↑ → Con'c 측면, 내부, ⋯

㉯ 함수 상태에 영향을 주는 요인 – 골재 종류(비중, 공극률), 보관 상태

㉰ 특성

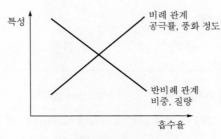

▶▶ 흡수율과 특성 그래프

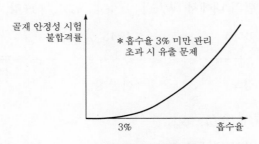

▶▶ 흡수율과 불합격률 그래프

③ 조립률 – 정의, 미/영, 기준, 초과 대책   * 조립률(F.M : Fineness Modulus)

　㉮ 정의 – 조립률 = Σ 각 체의 가적 잔류율/100,

　　　　　　　10개 체(80, 40, 20, 10, 5, 2.5, 1.2, 0.6, 0.3, 0.15)

　㉯ Con'c에 미치는 영향 – 조립률↓ → 잔골재량↑ → 비표면적↑ →

　　　　　　　Cement Paste↑ → W/B↑, …

　㉰ 조립률 영향 요인 – 재료(입도, 혼화 재료), 설계(강내수강), 배합(W/B,

　　　　　　　Slump, s/a), 시공(Worka, Pumpa)

　㉱ 기준 – 잔골재(2.3~3.1, Preplaced Con'c 1.4~2.2), 굵은 골재(6~8)

　㉲ 기준 초과 대책

　　┌ 입도 조정 – 잔골재 2종 이상 혼합

　　└ 배합 변경 – 당초 배합 설계보다 0.2 이상 변화 시

4) **채움재** – 보강재 – 섬유, 강재 → Fiber Ball → 창선 – 삼천포대교 : 재료

　　　　　　　　　　　　　　　　　　　　　　(격자형), 시공(스크린)

(2) 배합 – 3총사(이원흐)+원종강

1) 3총사 – 이원흐

① 이론 –

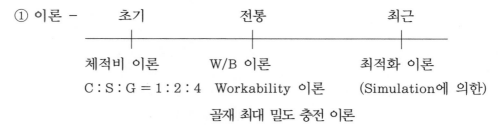

체적비 이론　　　　　W/B 이론　　　　　최적화 이론
C : S : G = 1 : 2 : 4　Workability 이론　　(Simulation에 의한)
골재 최대 밀도 충전 이론

② 원칙 – 허용 범위 내에서 (W/B↓, s/a↓, $G_{\max}$↑)+강, 내, 수, 강+경제성 확보

③ 흐름 –

2) 원칙 – 원칙, W/B, s/a, $G_{\max}$

① 원칙 – 허용 범위 내에서 (W/B↓, s/a↓, $G_{\max}$↑)+강/내/수/강+경제성 확보

② W/B – 결정 방법, 결정 이론

　㉮ 결정 방법

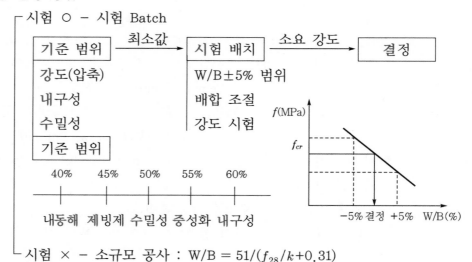

└ 시험 × – 소규모 공사 : W/B = $51/(f_{28}/k+0.31)$

　　　　　　　여기서, k : 시멘트 강도(MPa)

④ 결정 이론(W/B)

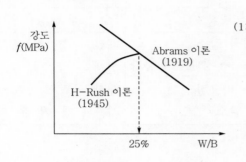

▸▸ Abrams 이론, H-Rush 이론

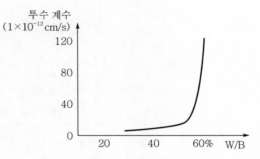

▸▸ 투수 계수와 물결합재비의 관계

③ s/a – 정의, 미/영, 기준, 특성

* Rheology 이론에 따른 최적 s/a = 소성 점도가 최소가 되는 s/a

㉮ 정의 – 5mm체를 통과한 것을 잔골재(S), 남는 것을 굵은 골재(G)로 보아,

$\quad$┌ 잔골재 질량률(S/A) $= S/(S + G)$

$\quad$└ 잔골재 용적률(s/a) $= (S/G_s)/(S/G_s + G/G_g)$

㉯ 미/영

Con'c에 미치는 영향		s/a에 영향을 주는 요인
작을 경우 (46~49%)	묽은 Con'c → Workability 향상 → W/B↓, … → 강내수강 증가	재료 – 결, 성, 골, 채 설계 – 강, 내, 수, 강
너무 작을 경우 (41%↓)	거친 Con'c → Workability 저하 → W/B↑, … → 강내수강 감소	배합 – W/B, G_{max}, Slump 시공 – 계, 비, 운, 타, 다, …

㉰ 기준

$\quad$보정 기준 ┌ Slump : 80mm → 기준 조건이 다를 경우 ┌ $s/a(\%)$ 보정

$\qquad\qquad\quad$├ W/B : 55% $\qquad\qquad\qquad\qquad\qquad\qquad$└ W(kg) 보정

$\qquad\qquad\quad$└ 조립률 : 2.8

④ G_{max} – 정의, 미/영, 기준, 특성

㉮ 정의 – 질량비 90% 이상 통과 체 중 최소 체의 공칭 치수

㉮ 미/영

Con'c에 미치는 영향		G_{max}에 영향을 주는 요인
클 경우 (38~40mm)	양입도 → 공극 감소 → W/B↓, … → 강내수강 증가	재료 - 결, 성, 골, 채 설계 - 강, 내, 수, 강
너무 클 경우 (40mm↑)	재료 분리 → 비균질 → 강내수강 감소	배합 - W/B, s/a, Slump 시공 - 계, 비, 운, 타, 다, …

㉯ 기준 - 부피철구

　┌ 부재 치수 : 최소 치수 1/5 이하

　├ 피복 두께 : 3/4 이하

　├ 철근 간격 : 3/4 이하

　└ 구조물 : 일반적(20mm 또는 25mm), 무근/대단면/포장 Con'c(40mm),

　　　　　댐(150mm)

㉰ 특성 - Rheology(유동학) 이론에 따른 G_{max}와 Pump 직경과의 관계

구분	G_{max}	Pump 직경
일반 구조물	20mm, 25mm	100mm
무근/대단면/포장	40mm	125mm

3) **종류** - 정의, 차이점, 보정

① 정의

㉮ 시방 배합 - 시방서, 책임 감리원이 지정한 배합

㉯ 현장 배합 - 시방 배합을 현장 여건에 따라 보정한 배합

② 차이점

구분	시방 배합	현장 배합
입도	잔 골재 5mm↓, 굵은 골재 5mm↑	잔 골재 5mm↑ a%, 굵은 골재 5mm↓ b% 포함
함수	표건 상태	기건, 습윤 상태
계량	질량, 1m³당	용적, 1Batch당

③ 보정

㉮ 입도 – 입도 시험 → 입도 조정

㉯ 함수 – 흡수율 시험 → 표면수량 조정

4) 강도 – 정의, 원칙, 결정, 재령

① 정의

㉮ 설계 기준 강도(f_{ck}) – Con'c 부재 설계 시 기준이 되는 압축 강도

㉯ 배합 강도(f_{cr}) – Con'c 배합 설계 시 목표가 되는 압축 강도

② 원칙

공시체 3EA ┌ 연속 f_{cr} 평균 $< f_{ck}$일 확률 → 1% 이하
　　　　　　└ 각각 $f_{cr} < (f_{ck}-3.5)$일 확률 → 1% 이하

③ 결정

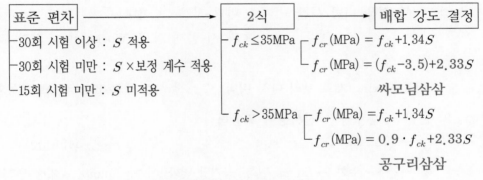

f_{ck}		21		35	
f_{cr}	$f_{ck}+7$		$f_{ck}+8.5$		$f_{ck}+10$

④ 재령

㉮ 재령 기준 – PC(14일), 일반(28일), 댐(91일)

㉯ 강도 추정 ┌ 시험 ○ ┌ 공시체 제작 ○ – 압축 강도 시험
　　　　　　　│　　　　└ 공시체 제작 × – 물(비중계법), 열(가열 건조법)
　　　　　　　└ 시험 × – Maturity, 등가 재령법

(3) 시공 - 계비운타다 양이마 철거

1) 계량

① 기준 - 현장 배합 기준

② 오차 -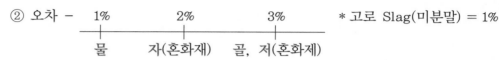

2) 비비기

① 분류

㉮ 이동식 - 연속식

㉯ Batch식 - 강제식(원심력), 가경식(중력)

② 시간

㉮ 기준 비빔 시간 - 강제식 1분, 가경식 1분30초 이상

㉯ 허용 비빔 시간 - 기준 비빔 시간×3 이내

→ 초과 시 골재 파쇄, Workability 저하

③ 특성

ReMixing(재료 분리 다시 비빔) < 응결 시간 < ReTampering(유동화 재비빔)

3) 운반 - 문제점 - 진시왕이 교만하다

① 진동 → 침하 → 재료 분리   〈특수 Con'c 관련 그래프〉

② 시간 → 수화 → <u>Slump 변화, 공기량 변화</u> | 서중 – Slump, 공기량 변화 그래프

③ 교반 → 골재 파쇄 → Workability 저하 | 한중 – 운반 시간에 따른 온도 변화식

$$T_2 = T_1 - 0.15(T_1 - T_0) \cdot t$$

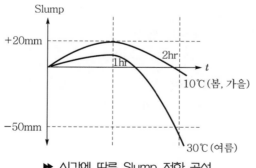

▶▶ 시간에 따른 Slump 저하 곡선   ▶▶ 시간에 따른 공기량 변화 곡선

4) 타설 – 높이, 속도

① 높이 – 배출구~치기면 1.5m 이하(가급적 1m 이하)

② 속도 – 저속 타설 → 재료 분리 방지

5) 다짐 – 방법, 기준, 영향

* 내구성 확보를 위한 실질적인 첫단계 → <u>BASF TDI 현장 타설 높이 변경</u>

(벽체 시공 이음 3m → 5m)

① 방법

㉮ 일반 – 진동 – 다짐봉, 진동 거푸집, 진동 Mat

㉯ 특수 – 원심력 – Precast 구조물

② 기준 – 간격(0.5m 이내), 깊이(0.1m 이상), 시간(5~15초), 금지(횡방향 이동, 눕히기)

③ 영향

㉮ 과다 다짐 : 기포 파괴 → 공기량 감소 → 내동해성 감소 → 내구성 저하

㉯ 과소 다짐 : 표면 공극 집중 → 환경 영향 극심(CO_2 중성화, $Cl-$염해, $H_2O/O_2/DO$ 철근 부식) → 내구성 저하

Key note

6) **양생** – 원리, 분류, 적산 온도, 온도 영향, 발파 영향

  ① 원리 – 온도/습도 → 공급/보존

  ② 분류

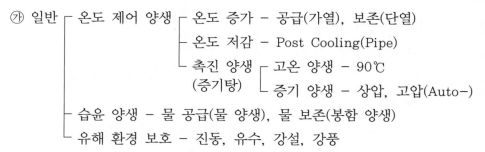

  ④ 특수 ┬ 한중 – 가열, 단열
       ├ 서중 – 습윤, 차단
       └ 기타 – 포장(삼각 지붕 양생), 터널(살수 양생)

  ③ 적산 온도 – 정의, 활/적/신/한

  ㉮ 정의 – $\boxed{\text{적산 온도}(M) = \Sigma(\theta + A)\Delta t}$

     여기서, θ : Δt 기간 중 일평균 양생 온도, $A = 10 \sim 15$

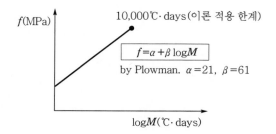

　　　㉯ 활용 ┌ 해체 시기(거푸집)
　　　　　　 ├ 이음 절단 시기 – 빠르면 Ravelling, 늦으면 Random Crack
　　　　　　 ├ 교통 개방 시기
　　　　　　 └ 포스트텐셔닝 시기

　　㉯ 적용

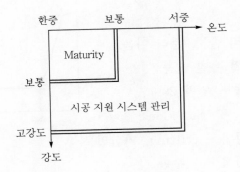

④ 온도 영향

　　㉮ 높으면 – 수화 촉진(단기↑, 장기↓), 온도 증가 → 온도 응력↑ → 온도
　　　　　　　균열↑ → 내구성↓

　　㉯ 낮으면 – 응결 지연 → 공기 지연, 초기 동해

⑤ 발파 영향

　　㉮ 양생 ┌ 양생 초기 – 긍정적 – 진동 다짐, 수화 촉진
　　　　　　└ 5~10시간 후 – 부정적 – 초기 균열

　　㉯ 제어 ┌ 발생원 – 장약량/굴진장 저감, 미진동/무진동 공법
　　　　　　├ 전파 경로 – 소음(토사벽/방음벽, 10~15dB↓), 진동(Trench, 50%↓)
　　　　　　└ 수진자 – 이동

　　㉰ 기준 ┌ 소음 – 주간 발파 소음 60dB 이하
　　　　　　└ 진동 – 가문조아 – 가축(0.1), 문화재(0.2~0.3), 조적(0.3), RC(0.4)
　　　　　　　　　　 – 도로공사 표준시방서

7) 이음 - 분류, 양면성, 처리

　　* 이음 ┌ Con'c - 구조물/CCP/댐(기능, 비기능)
　　　　　├ Steel - 철근(특수, 재래식), 강재(야금, 기계적)
　　　　　└ 기타 - 말뚝(용접, 비용접), 쉴드 Seg.(볼트, 힌지)

　① 분류

　　㉮ 기능성

　　┌ 신축 이음 = 분리 줄눈, 분리 이음
　　└ 수축 이음 = 균열 유발 줄눈
　　　　┌ 단면 결손 ┌ 율 - 일반 20%↑,
　　　　│　　　　　│　　　Mass Con'c 35%↑
　　　　│　　　　　└ 방법 - Cutting, 가삽입물
　　　　└ 지수 대책 ┌ 내적 - 지수판
　　　　　　　　　　└ 외적 - 피복

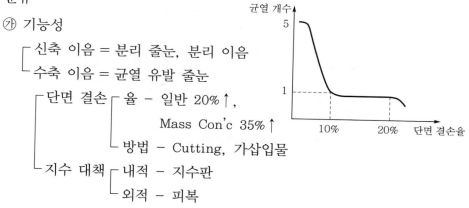

　　㉯ 비기능성 = 시공성 이음

　　┌ 시공 이음 = 타설 이음 - 감조부 설치 금지(해양, 항만 Con'c)
　　└ Cold Joint(문원대형검)

　　　┌ 발생 시기 - 압축 강도(3.5MPa↑), 시간(25℃↑ 1시간 후)
　　　├ 문제 - 결함 → 손상 → 열화 → 강내수강 저하
　　　├ 원인 ┌ 재/설/배/시 원인
　　　│　　　└ 직/간접 원인

Plant 장비, 교통	→	기타설 Con'c 응결 진형	→	기타설 Con'c 경계 다짐 불량	→	Cold Joint 발생
간접 원인				직접 원인		

　　　└ 대책 ┌ 방지 - 재/설/배/시 응결 지연제, 타설 계획, 진동 다짐
　　　　　　└ 처리 ┌ 경화 전 - 고압(공기, 물) ┐ → 조골재 노출 → 세척
　　　　　　　　　　└ 경화 후 - Chipping　　┘ → 부배합 신Con'c 타설

　② 양면성

　　㉮ 긍정적 - 응력 제어, 균열 저감
　　㉯ 부정적 - 응력 집중, 누수 문제

③ 처리 – 이음부 처리에 따른 인장 강도 변화율(비기능성 이음) – 이음부 없는 경우 100% 대비

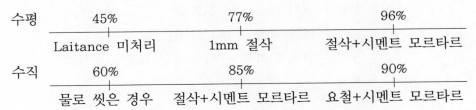

수평	45%	77%	96%
	Laitance 미처리	1mm 절삭	절삭+시멘트 모르타르
수직	60%	85%	90%
	물로 씻은 경우	절삭+시멘트 모르타르	요철+시멘트 모르타르

8) **마무리** – 목적, 분류 – 마무리 불량 → 표면 결함(SHEPAL DB) → 열화↑ → 내구성↓

① 목적 – 내적(수밀성, 내구성), 외적(미관, 차수)

② 분류 ┌ 거푸집에 접함 ○
         └ 거푸집에 접함 × – 긁어 모으기 → 나무 흙손 → 쇠 흙손

9) **철근일** – 분류+갈고리 정 이방피

① 분류

  ㉮ 형태 – 원형(SR), 이형(SD)

  ㉯ 구조 ┌ 주철근 ┌ 정철근 – 정(+) 모멘트
         │   └ 부철근 – 부(−) 모멘트
         └ 가외 철근

② 갈고리 정 이방피 = 갈고리+정착/부착+이음+방식+피복 두께

  ㉮ 정착/부착   Anchor/Bond

  ┌ 정착 : 정의, 분류, 길이
  │ ┌ 정의 – 철근 설계 인장 강도를 발휘하기 위한 소요의 매입 길이
  │ │   (위험 단면~철근 갈고리 외측까지)
  │ ├ 분류 ┌ 갈고리에 의한 정착   ┐ 인장 철근
  │ │   ├ 매입 길이에 의한 정착   ┤
  │ │   └ 기계적인 정착   ┘ 압축 철근
  │ └ 길이 – 기본 정착 길이($1d_b$)×보정 계수
  │   ┌ 갈고리 : $1d_h = 100 \cdot d_b / \sqrt{f_{ck}}$
  │ * $1d_b$ ┤ 매입(인장) : $1d_b = 0.6 \cdot d_b \cdot f_y / \sqrt{f_{ck}}$
  │   └ 매입(압축) : $1d_b = 0.25 \cdot d_b \cdot f_y / \sqrt{f_{ck}}$

└ 부착 : 정의, 분류, 특성

┌ 정의 – 철근이 Con'c와의 경계면에서 활동에 저항하는 것

├ 분류 ┌ 교착 작용 – 시멘트풀+철근 표면 접착

│　　　├ 마찰 작용 – Con'c+철근 표면 마찰

│　　　└ 기계적 작용 – 이형 철근 요철의 맞물림

└ 특성

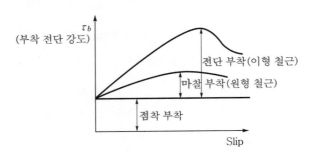

▶▶ 부착 전단 강도 – 변형 관계 그래프

㉯ 이음 : 원칙, 분류　　　　　* 응력 집중$(f = P/A)$ > 허용 응력 → 파괴

┌ 원칙 ┌ 강도 – 소요의 설계 기준 강도 만족

│　　　└ 응력 – 응력 집중 금지

└ 분류 ┌ 재래식 ┌ 겹이음 : 과밀 배근(D35mm↑) → 충전 불량

│　　　　│　　　　　　　　　　　 → 반복 하중 취약

│　　　　└ 용접 이음 : 결함(용접), 국부 손상, 인장 잔류 응력

└ 특수식 ┌ 기계 이음 : 가장 확실, 공비 증가, 장비 문제

　　　　　└ 충전 이음 : 밀실 저하, 공기 증가

Key note

㉓ 방식 : 부식 Mechanism, 부식 대책+사례

  ┌ 부식 Mechanism

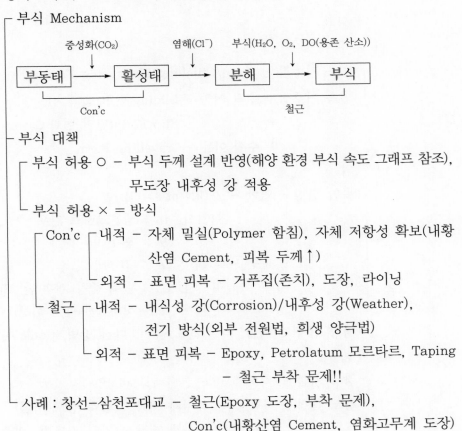

  ├ 부식 대책

    ┌ 부식 허용 ○ – 부식 두께 설계 반영(해양 환경 부식 속도 그래프 참조),
    │   무도장 내후성 강 적용

    └ 부식 허용 × = 방식

      ┌ Con'c ┌ 내적 – 자체 밀실(Polymer 함침), 자체 저항성 확보(내황
      │   │   산염 Cement, 피복 두께↑)
      │   └ 외적 – 표면 피복 – 거푸집(존치), 도장, 라이닝
      └ 철근 ┌ 내적 – 내식성 강(Corrosion)/내후성 강(Weather),
             │   전기 방식(외부 전원법, 희생 양극법)
             └ 외적 – 표면 피복 – Epoxy, Petrolatum 모르타르, Taping
                           – 철근 부착 문제!!

  └ 사례 : 창선–삼천포대교 – 철근(Epoxy 도장, 부착 문제),
                      Con'c(내황산염 Cement, 염화고무계 도장)

㉔ 피복 두께 : 목적, 기준, 문제

  ┌ 목적 ┌ 성능 – 내구/내화성, 부착/방청성
  │   └ 시공 – 유동성
  ├ 기준 – 수중(100mm), 지중(80mm),
  │   공기 노출 ○(40~60mm), 공기 노출 ×(20~40mm)
  └ 문제 ┌ 기준 초과 시 – 처짐, 내력 문제
        └ 기준 부족 시 – 부착력 감소, 염해, 중성화 저항성↓

10) 거푸집/동바리 – 품질, 안전 관련

① 거푸집

㉮ 분류

┌ 벽용 거푸집 – Gang/Climbing/Shuttering Form
└ 연속 거푸집 ┌ 수직 이동 – Sliding(단면 변화 ×),
│   Slip Form(단면 변화 ○)
└ 수평 이동 – Travelling Form

㉯ 측압

┌ 측압 산정 ┌ 일반 – $P\,(\mathrm{kN/m^2}) = W \cdot H$
│   여기서, W : 생콘크리트 단위 중량,
│ H : 높이
│   └ 특수 – $30\,C_w < P < W \cdot H$
│   여기서, C_w : 단위 중량 계수(단, Slump 175mm
│   이하, $D=1.2$ 이하)
└ 영향 인자 – 배합, 타설 속도/높이, 다짐 방법, Con'c 온도

㉰ 탈형

┌ 강도 기준 – 측벽 5MPa↑, 슬래브 14MPa↑
└ 강도 측정 ┌ 시험 ○ – 공시체 제작 ○(압축 강도 시험),
│   공시체 제작 ×(가열 건조법, 비중계법)
└ 시험 × – Maturity, 등가 재령법

② 동바리

㉮ 하중 – $W\,(\mathrm{kN/m^2}) =$ 작업 하중($1.5\mathrm{kN/m^2}$)+고정 하중(γ_t)+충격 하중($0.5\gamma_t$)

㉯ 검토 ┌ 하중 – 하중 과다
│   ├ 지주 – 강성 부족 – 지지 방법 부적절, 지주 경사/수평 저항력 부족
│   └ 기초 – 부등 침하

㉰ 시스템 동바리 ┌ 정의 – 수직재+수평재+경사재 일체화된 동바리
└ 문제 – 수직 허용 하중만 고려

(4) 굳지 않은 Con'c – 성질, 재료 분리, 균열

1) 성질 – Workability, Pumpability, 1/2차 반응

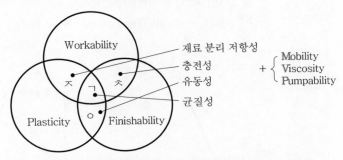

➤ 굳지 않은 Con'c의 성질 모식도 (WFP/ㅇㅈㅊ)+MVP

① Workability – 정의, 미영, 측정

  ㉮ 정의 – 재작 – 재료 분리 저항성(수중 불분리성 Con'c)+작업 용이성(유동화 Con'c)

  ㉯ **미영**

```
┌ Con'c에 미치는 영향 – Workability↓ → W/B를 올려야 하고,
│   W/B↑┌ W↑┌ Con'c 내부 – Bleeding↑
│       │    │              ┌ 내적 – 철근 부착성↓, 수밀성↓
│       │    │              └ 외적 – Sand Streak, Laitance, Crack↑
│       │    └ Con'c 측면 – Channeling↑ – Sand Streak,
│       │                                  Laitance, Crack↑
│       └ B↑┌ 경제성↓
│           └ 수화열↑ – 온도↑ – 온도 응력↑ – 온도 균열↑
├ Workability에 영향을 주는 요인
│   ┌ 재료 – 결성골채 – 시멘트 분말도, 골재 입도/입형
│   ├ 설계 – 부재 치수/두께, 철근 간격/피복
│   ├ 배합 – W/B, s/a, Gmax, Slump
│   └ 시공 – 계, 비, 운, 타, 다
└ Workability 향상 방안
    ┌ 재료┌ 결합재 – Cement – 분말도 大
    │     ├ 성능 개선제 – 혼화재(Fly ash, Silica Fume), 혼화제(감수제, AE제)
    │     └ 골재 – 입도 양호, 입형 둥근
    └ 배합 – W/B↑, Slump↑
```

배합 – W/B, s/a, G_{max}, Slump

} 특성 요인도!!

㉰ 측정

- 정성적 ┬ 보통 반죽 – Slump Test
  ├ 묽은 반죽 – Slump Flow
  └ 된 반죽 – Cone Test, Vee-Bee Test

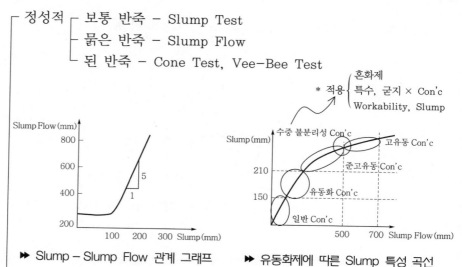

▶ Slump – Slump Flow 관계 그래프   ▶ 유동화제에 따른 Slump 특성 곡선

- 정량적 : Rheology 정수 이용 – 정성적 방법 경험, 숙련 등으로 결과 차이 발생!!

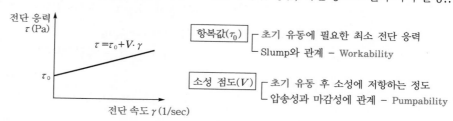

항복값(τ_0) ┬ 초기 유동에 필요한 최소 전단 응력
              └ Slump와 관계 – Workability

소성 점도(V) ┬ 초기 유동 후 소성에 저항하는 정도
             └ 압송성과 마감성에 관계 – Pumpability

$$\tau = \tau_0 + V \cdot \gamma$$

② Pumpability – 정의, 미영, 측정, 기준

㉮ 정의 – 유압 – 유동성+압송성

㉯ 미영

- Con'c에 미치는 영향 – Pumpability↓ → W/B를 올려야 → W, B↑, …
- Pumpability에 영향을 주는 요인 ≒ Workability에 영향을 주는 요인
  (재설배시)
- Pumpability 폐색 방지 방안
  ┬ 배합 – Rheology 이론에 의한 Pump 직경

구분	G_{max}	Pump 직경
일반 구조물	20mm, 25mm	100mm
무근/대단면/포장	40mm	125mm

  └ 시공 – Mortar 전분사 → 여름 냉각, 겨울 보온

㉰ 측정 – 가압 블리딩 시험, 변형성 시험

㉱ 기준 – 토출력 ≥ 저항력

토출력	저항력
최대 이론 토출 압력 80%	최대 압송 부하 = 수평 거리×수평 거리 1m당 관 내 압력 손실 관 내 압력 손실은 Slump↓, 관경↓, 토출량↑ 할수록 증가

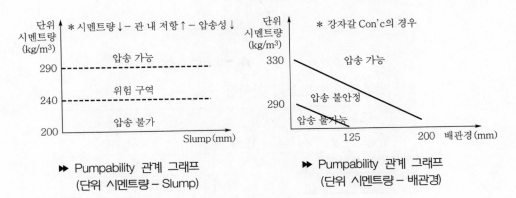

➡ Pumpability 관계 그래프
(단위 시멘트량 – Slump)

➡ Pumpability 관계 그래프
(단위 시멘트량 – 배관경)

③ 1/2차 반응 – 관련 3식, 1차 반응, 2차 반응, 차이점

㉮ Con'c 관련 3식

- 제조(Cement) : 석회석 – $CaCO_3$
- 수화(1, 2차 반응) : 생석회 – $CaO + H_2O \rightleftarrows Ca(OH)_2 + 125cal/g$(수화열)
- 중성화(탄산화) : 소석회 – $Ca(OH)_2$

㉯ 1차 반응 – 수화열 및 균열 대책

* **수화열(125cal/g) ⟶ 온도 증가 ⟶ 온도 응력 증가 ⟶ 온도 균열 발생**

저감 방안	제어 방안	저감 방안
재료 : 저열 Cement 시공 : Cooling Method	수축 이음/신축 이음 분할 타설/초지연제	섬유 보강 보강 철근
소극적 대책		적극적 대책

㉰ 2차 반응 – 분류 및 특징

- 분류 ┬ 직접(포졸란 반응) – Fly ash(2Ball), Silica Fume(2Ball공)
- └ 간접(잠재적 수경성) – 고로 Slag(2AAR고)
- 특성 ┬ 온도 – 수화열 감소
- └ 강도 – 단기 강도↓(한중 Con'c 동해 주의), 장기 강도↑

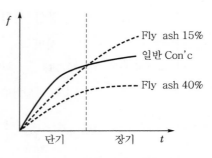

▶▶ 2차 반응 강도 특성

    ㉘ 1차 반응과 2차 반응의 차이점

구분	1차 반응	2차 반응
반응 대상	H_2O	$Ca(OH)_2$
자체 수화물	형성 ×	형성 ○
강도	초기↑, 장기↓	초기↓, 장기↑

2) 재료 분리 – 문원대형

  ① 문제점 – 재료 분리 → 결함 → 손상 → 열화 → 강내수강↓

    * 표면 결함 – SHE PAL DB져

    * BASF TDI 사례

    ┌ 당초 : 10m 3번 타설

    ├ 변경 : 10m 2번 타설

    └ 문제 : 시공 이음 재료 분리 문제

  ② 원인

    ㉮ 비중 – 상부(Water), 하부(Gravel, Sand)

    ㉯ 입경차 – Gravel

  ③ 대책

    ㉮ 방지 ┌ 재료 – 시멘트 분말도, 골재 입도/입형 양호

          ├ 설계 – 철근 간격, 부재 형상

          ├ 배합 – W/B↓, s/a↓, G_{max}↑ → 양입도

          └ 시공 – 타설(높이/속도), 다짐(과다/과소)

    ㉯ 처리 – 경화 전(Remixing, Green Cut), 경화 후(Chipping)

④ 형태

㉮ 타설 중

┌Cement Paste – 거푸집 틈새, 볼트 구멍 – Honeycomb
└Gravel ┌ 비중차 – Cold Joint, Honeycomb
        ├ 유동 특성차 – Pump 폐색
        └ 잔골재 치수차 – Cold Joint, Honeycomb

㉯ 타설 후

Water↑┌ Con'c 내부 – Bleeding↑ – 내적(부착, 수밀), 외적(S, L, C)
       └ Con'c 측면 – Channeling↑ – Sand Streak, Laitance, Crack↑

3) **균열 – 소침물**   * 굳지 않은 Con'c 균열(초기 균열) – 일반 부재(소침물), CCP(2차 응력)

① **소성 수축**

㉮ 원인 ┌ 내적 – 물 부족 – Bleeding 적은 된반죽 Con'c
        └ 외적 – 물 증발 – 고온 건조(증발 속도 > Bleeding 속도
                               → 증발 속도 > $1\mathrm{kg/m^2/h}$)

㉯ 대책 ┌ 저감 – 재설배시 – 물 공급(물 양생), 물 보존(봉함 양생)
        └ 처리 – 경화 전(두드림), 경화 후(보수/보강/교체)

② **침하 균열**

㉮ 원인 ┌ 내적 – 굳지 × Con'c의 침하
        └ 외적 – 타설 높이/속도, 부재 두께/치수

㉯ 대책 ┌ 저감 – 재설배시 – 단위 수량/Slump↓, 타설 높이/속도↓
        └ 처리 – 경화 전(두드림), 경화 후(보수/보강/교체)

③ **물리 요인** – 진동, 충격 등

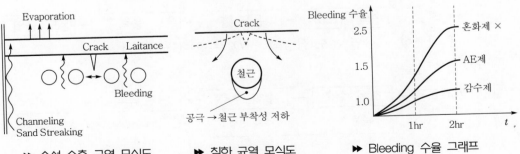

▶▶ 소성 수축 균열 모식도   ▶▶ 침하 균열 모식도   ▶▶ Bleeding 수율 그래프

(5) 굳은 Con'c - 성질, 2차 응력, 균열

1) 성질 - 강도, 응력 변형, 계수

① 강도

㉮ 정적 강도 - 압축, 인장, 휨/전단/부착 강도

㉯ 동적 강도 - 피로 강도

② 응력 변형

㉮ 연성 파괴 - 일반 Con'c

㉯ 취성 파괴 - 고강도 Con'c

③ 계수

㉮ 탄성 계수 = 응력(σ)/변형률(ε)

㉯ 취도 계수 = 압축 강도(f_{cu})/인장 강도(f_{sp})

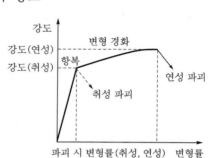

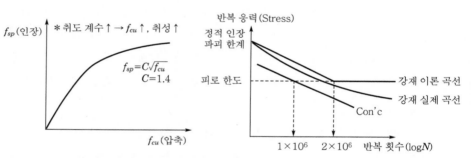

▶ 정적 강도(인장 강도와 압축 강도의 관계 그래프)   ▶ 동적 강도($S-N$ Curve, 반복 응력 - 횟수 관계)

2) 2차 응력 - 온건크

① 온도 응력

㉮ 흐름 - │수화열(125)│→│온도↑│→│온도 응력↑│→│온도 균열↑│

㉯ 관련식 - 단열 온도 상승식 - $Q_t = Q\infty(1-e^{(-rt)})$

② 건조 수축

㉮ 흐름 -

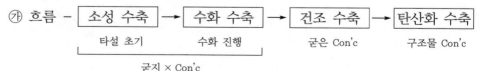

ⓝ 관련식 ┌ 건조 수축량 $= \varepsilon_{st} = \varepsilon_s(1-e^{(-At)})$
└ 건조 수축 응력 $= A_s/A_c \cdot$ 철근 압축 응력

③ Creep

㉮ 흐름 –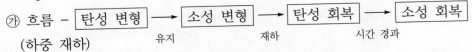
(하중 재하)

㉯ 관련식 – Creep 계수 $\phi =$ 크리프 변형률(ε_c)/탄성 변형률(ε_e) $=1.5\sim3$(보통 Con'c)

수중 : 1
옥외 : 2
옥내 : 3

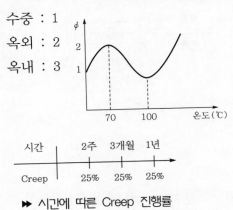

▶ 시간에 따른 Creep 진행률

㉰ Creep와 Relaxation의 차이점

구분	Creep	Relaxation	비고
정의	시간 의존적 소성 변형	시간 의존적 응력 감소	
대상	콘크리트	강재	
Input	Stress	Strain	
Output	Strain	Stress	
Maxwell 이론			

3) **균열** – 이열설 – 2차 응력, 열화(조기 열화), 설계/시공

(6) 구조물 Con'c – 관리, 열화, 균열

1) 관리 – 품질 관리, 유지 관리

    ① 품질 관리 – 기법 분류, 업무 분류, 품질 규정

        ㉮ 기법 분류

6σ – 과정 의존형 기법

7가지 기법 – 통계적 기법

▶ 기법별 차이점

구분	통계적	6σ
대상	결과	과정
범위	부분	전체
레벨	현상	경영
목표	추상	구체적

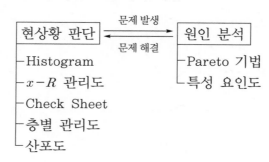

현상황 판단 ⇄ 원인 분석
문제 발생 / 문제 해결

- Histogram
- $x-R$ 관리도
- Check Sheet
- 층별 관리도
- 산포도

- Pareto 기법
- 특성 요인도

        ㉯ 업무 분류

QM(경영) ┌ QP(계획) ┐ → QC+신뢰성+지속성
        ├ QA(보증) ┤
        └ QI (개선) ┘

        ㉰ 품질 규정 – 받아들이기 시 100m³ 마다 – 송장 Check – 차량 번호 및 운반 시간 확인 필수!!

강도 ┌ 1회 압축 강도 시험치≥호칭 강도의 85%   ＊호칭 강도＝구입자 지정 강도
    └ 3회 압축 강도 평균치≥호칭 강도

Slump

지정값(mm)	허용 오차(mm)
25	±10
50~65	±15
80 이상	±25

공기량

구분	허용 오차(%)
보통 Con'c	4.5±1.5
경량 Con'c	5.0±1.5

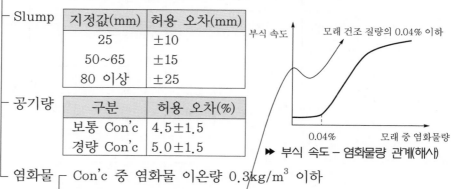

부식 속도 / 모래 건조 질량의 0.04% 이하 / 0.04% / 모래 중 염화물량

▶ 부식 속도 – 염화물량 관계(해사)

염화물 ┌ Con'c 중 염화물 이온량 0.3kg/m^3 이하
    └ 잔골재 중 염화물 이온량 0.022kg/m^3 이하

② 유지 관리 - 초정밀 진단

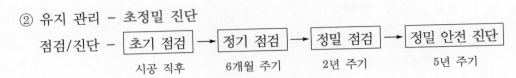

점검/진단 - 초기 점검 → 정기 점검 → 정밀 점검 → 정밀 안전 진단

시공 직후   6개월 주기   2년 주기   5년 주기

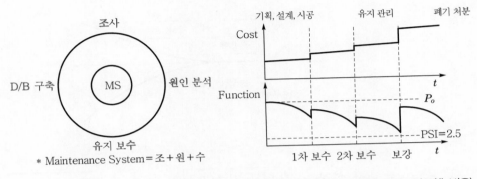

* Maintenance System=조＋원＋수

▸ MS(Maintenance System)   ▸ LCC=I(초기 비용)+M(유지 비용)+R(교체 비용)

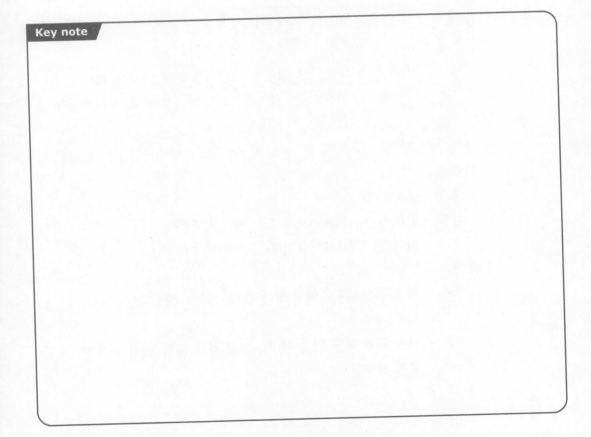

Key note

2) **열화** – 내구+열화

① 내구

㉮ 열화 관계

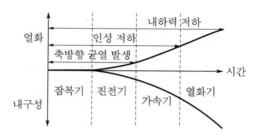

㉯ 3총사

- 내구 설계 – $\boxed{\text{내구 지수}(D_t)}$ $\geq$ $\boxed{\text{환경 지수}(E_t)}$

  기본 내구 지수+설재시 증분치 표준 환경 지수+화염중동 증분치

- 내구 수명 $= \boxed{\text{결정 요인}} + \boxed{\text{저하 요인}} + \boxed{\text{연장 요인}}$ → 수명 연장 = 결정↑, 저하↓, 연장↑

  설계/시공   열화   유지 관리

- 내구 평가 – $\boxed{\text{소요 내구성 값}}$ $\leq$ $\boxed{\text{설계 내구성 값}}$

  내구 성능 예측값 · 환경 계수$(A_p \cdot \gamma_p)$ 내구 성능 특성값 · 감소 계수$(A_k \cdot \phi_k)$

② 열화

㉮ 문제 – 열화 → Con'c 팽창 → 균열 → Con'c 강내수강↓

㉯ 원인

- 내적 – AAR, 철근 부식
- 외적 ┌ 물리적 – 하늘(온도/습도), 땅(진동/충격)
       └ 화학적 – 하늘(산성비/CO_2), 땅(해수/하수)

㉰ 대책

- 방지 – 재료(결성골채), 설계(철근 간격, 피복), 배합(W/B, s/a, G_{max}), 시공(계비운, …)
- 처리 – 보수(표면 복구/단면 복구), 보강(부재 추가/단면 증가/PS 도입), 교체(재시공)

㉑ 형태 – 팽창표, 화학적 침식, AAR, 염해/중성화, 동해, 복합 열화, 기중차

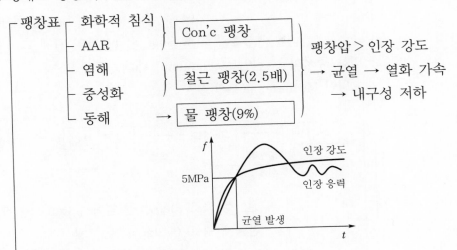

┌ 팽창표 ┬ 화학적 침식 ⎫
│   ├ AAR   ⎬ Con'c 팽창   팽창압 > 인장 강도
│   ├ 염해   ⎫   → 균열 → 열화 가속
│   ├ 중성화   ⎬ 철근 팽창(2.5배) → 내구성 저하
│   └ 동해   → 물 팽창(9%)

─ 화학적 침식 – 원인/Mechanism, 대책
  ┌ 원인 ┬ 부식 – Con'c(Ca(OH)₂)+하수(유기물) → 황산(H₂SO₄) → 부식
  │   └ 팽창 – Con'c(Ca(OH)₂)+해수(MgSO₄) → 석고(CaSO₄)
  │   → +C3A(시멘트 성분 중 Aluminate) → Ettringite(폭발적 팽창)
  └ 대책 ┬ 재료 – 결(폴리머 시멘트 콘크리트, 내황산염 시멘트), 성, 골, 채
         ├ 배합 – W/B 작게, 단위 수량 작게
         └ 시공 – 계비운, … – 피복 → 거푸집, 도장, 라이닝

─ AAR – 원인/Mechanism, 대책, 특성
  ┌ 원인/Mechanism
  │   * 부정적(AAR–Con'c 팽창), 긍정적(LW–지반 내 고결, 차수)

1. 시멘트의 R2O+골재의 SiO₂ → RIM 형성
2. RIM+H₂O → RIM 팽창
3. 팽창압 > 인장 강도 → 인장 균열

  └ 대책 ┬ 재료 – 결(저알칼리 시멘트), 성(고로 Slag, 알칼리 프리계
         │   급결재), 골(AAR 무해 골재), 채
         ├ 배합 – W/B 작게, 단위 수량 작게
         └ 시공 – 계비운, … – 치밀한 콘크리트 시공

└ 특성 ┌ Pessimum Percentage(최악의 혼합률) – AAR 최대 발현 반응
　　　　　　　　　　　　　　　　　　성 골재 혼합 비율
　　　　└ AAR 팽창률과 고로 Slag 혼합률과의 관계 그래프

– 염해/중성화 – 원인/Mechanism, 대책, 특성

┌ 원인/Mechanism(**부활분부**)

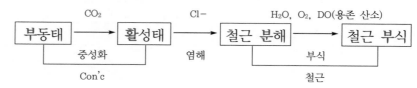

– 대책 ┌ 재료 – 결, 성(고로 Slag), 골(염화물 Con'c 중 $0.3kg/m^3 \downarrow$,
　　　　　　　잔골재 중 $0.022kg/m^3 \downarrow$), 채
　　　 ├ 배합 – W/B 작게, 단위 수량 작게
　　　 └ 시공 – 방식 – 부식 허용× – Con'c(내적, 외적), 철근(내적, 외적)

└ 특성

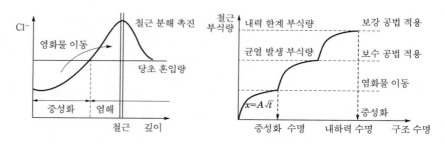

▶ 중성화에 의한 염화물 이동 그래프　▶ 중성화 및 염해 부식 속도 그래프

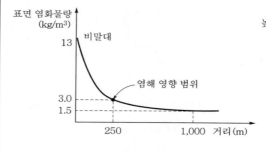

▶ 해풍 영향 그래프(염해 영향 범위)　▶ 해수 영향 그래프(구조물 위치와
　　　　　　　　　　　　　　　　　　침식 작용)

├ 동해 – 원인/Mechanism, 대책, 특성

　├ 원인/Mechanism

　　동해 이론 ┌ 열역학 이론 : 내부에서 물 공급 → Con'c, 지반
　　　　　　 └ 모세관 이론 : 외부에서 물 공급 → 지반

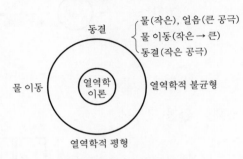

　　　　　　 ▶▶ 열역학 이론 모식도

　└ 대책 ┌ 재료 – 결성골채 – 조강 시멘트, 공기 연행제
　　　　 ├ 배합 – W/B 작게, 단위 수량 작게
　　　　 └ 시공 – 계비운, … – 온도 제어 양생(단열, 가열)

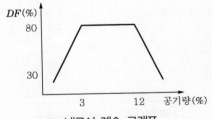

내구성 계수 $DF = P \cdot M/N$

여기서, P : N횟수에서 상대 동탄성 계수

M : 정해진 P에서 동결 융해 횟수

N : 정해진 동결 융해 횟수(300)

　▶▶ 내구성 계수 그래프
　　 (구조물 Con'c만)

├ 복합 열화 – 분류, 관계, 특성

　├ 분류 – 열화 요인, 인자　　열화 과정　　열화 증상(1)　열화 증상(2)

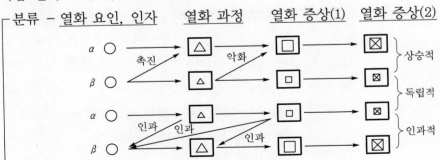

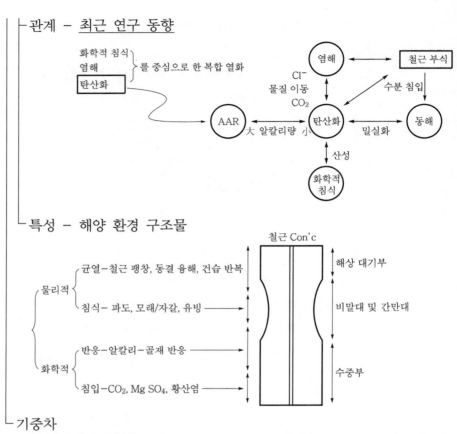

┌ 관계 – <u>최근 연구 동향</u>

화학적 침식
염해 ┐를 중심으로 한 복합 열화
탄산화 ┘

├ 특성 – 해양 환경 구조물

물리적 ┤
균열–철근 팽창, 동결 융해, 건습 반복
침식– 파도, 모래/자갈, 유빙

화학적 ┤
반응–알칼리–골재 반응
침입–CO₂, Mg SO₄, 황산염

해상 대기부
비말대 및 간만대
수중부

└ 기중차

구분	기본 Item	중요 Item	차별 Item
화학적 침식	문	부식(H_2SO_4), 팽창($CaSO_4$)	Mechanism + 복합 열화
AAR	원	Pessimum Percentage	
염해	대	Fick's Second Law	
중성화	형	x(속도)$=A\sqrt{t}$	
동해	검	DF(내구성 계수)$=P \cdot M/N$	

3) **균열** – 결손열 – 결함, 손상, 열화

　① 결함

　　㉮ 내적 – 균열, 공극

　　㉯ 외적 – 표면 결함

　　　┌ Sand Streak, Honey Comb, Efflorescence
　　　├ Pop-out, Air Pocket, Laitance
　　　└ Dusting, Bolt Hole

* 박리 ┌ 얇은 박리 – Scalling
　　　├ 두꺼운 박리 – Spalling ┐ 열화
　　　└ 원추형 박리 – Pop-out ┘

② 균열

㉮ 조사

- 방법 ┬ 파괴적 – Core 채취(균열 깊이)
  └ 비파괴 – RT, UT, VT, PT
- 범위 ┬ 발생 위치/시기
  ├ 발생 규모 – 폭, 길이, 간격, 깊이, 개수
  └ 관통/진행 여부

㉯ 원인

- 자연적 ┬ 내적 – AAR, 철근 부식
  └ 외적 ┬ 물리적 원인 – 하늘(온도/습도), 땅(진동/충격)
       └ 화학적 원인 – 하늘(산성비/CO_2), 땅(해수/하수)
- 인위적 ┬ 재료 – 결성골채 불량
  ├ 설계 – 단면 설계 불량(철근 간격, 피복, 부재 형상)
  ├ 배합 – W/B, s/a, G_{max}
  └ 시공 –계비운타다 양이마 철거 불량

㉰ 대책

- 저감 대책 – 재설배시 대책
- 처리 대책 – 보수, 보강, 교체
- 보수 대책 – 방법, 재료
  - 방법 –

균열 폭		0.2mm	0.5mm	
보수 방법	표면 처리	주입법	충전법	기타
	에폭시 수지	압입식	V–Cut	Pin Grout
	에폭시 모르타르	흡입식	U–Cut	침투성 방수제

  - 재료 ┬ 성질 : 모재와 부착성
    └ 발전 : <u>전통무기 재료</u>→<u>합성 수지</u> → <u>유무기 복합계</u> → <u>무기질 폴리머계</u>
    　　　　　　균열 발생　　열에 취약　　　　관리 난이
- 보강 대책 – 방법, 재료
  - 방법 ┬ 적극적 – 응력 개선 – Anchoring, Post Tension
    └ 소극적 – 응력 유지 – 단면 유지(강판, 보강 섬유), 단면 증대
  - 재료 ┬ 성질 – 모재와 거동 특성 유사
    └ 발전 – 경량화(강판 → 탄소 섬유 Sheet)

특수 콘크리트
(특수 Con'c = 재료+조건 → 개념+분류+특성)

1 개념

(1) 특수 Con'c = 일반 Con'c ± α

1) +α → 재료 – 개선적 측면 – 일반 Con'c와 비교 시 장·단점
2) −α → 조건 – 제한적 측면 – 일반 Con'c와 비교 시 문제점 }관리(재, 배, 시)

(2) 특수 Con'c

일반 Con'c 기술 요점
일요일 문시설 역적용

\+

재료 – 개선 – 장·단점
조건 – 제한 – 문제점

\+

시방서 Key Point
본서(P.164~165)

- 일반 사항 – 정의 등
- 요구 성능 – 굳지 않은(Workability), 굳은(강내수강)
- 일반 Con'c 비교 시 장·단점
- 문제점
- 시공 관리 방안 – 재배시(계비운타다 양이마 철거)
- 설계 관리 방안 – 철근 간격/피복, 부재 두께/치수
- 역학적 특성 – 강도, 응력 변형
- 적용성 – 지시구환
- 용도 – 육군(도로, 교량, 터널), 해군(댐, 하천, 항만)

2 분류 – 재료, 조건

(1) 재료

1) **결합재**

　① 일반 – 시멘트+물

　② 특수 – 아스팔트, 유황, 레진

2) **성능 개선재**

　① 혼화재 – 팽창 콘크리트

　② 혼화제 – 고강도, 고유동, 고성능 콘크리트

3) **골재**

　① 비중 – 경량, 보통, 중량 골재 콘크리트

　② 특수 – 순환 골재, Porous 콘크리트

4) **채움재**

　섬유 보강, PS 강재 보강, FRP 보강 콘크리트

(2) 조건

1) **환경**

　① 온도

　　㉮ 기온 – 서중 콘크리트(일평균 25℃↑), 한중(일평균 4℃↓)

　　㉯ 고온 – 내열(1,000℃), 내화(800~1,000℃) 콘크리트

　② 습도 – 수중, 수밀, 해양 콘크리트

2) **타설**

　① 두께 – 매스 콘크리트

　② 방법 – PPRS – Preplaced Con'c, PSC, RCC, S/C

3 특성(분류별)

(1) 재료 – 팽창, 고성능, 유동화, 고강도, 경량, 중량, 섬유

  1) 팽창 Con'c – 정의, 분류, 장·단점, 관리, 특성

    ① 정의 – 팽창 → 수축 보상, 화학적 PS, 균열 보수, Grouting 용도

    ② 분류

      ㉠ 결합재 – 팽창 시멘트 사용 Con'c

      ㉡ 성능 개선재 – 팽창재 사용 Con'c

    ③ 장·단점

      ㉠ 장점 – 팽창 → 수축 보상, 화학적 PS(경화 후에도 체적 팽창)

      ㉡ 단점 – 팽창 → 밀도 저하 → 강도 저하 문제

    ④ 관리

      ㉠ 재료 – 팽창재 – 기포 발생 혼화재, 알루미늄산염, 고로 Slag 미분말

      ㉡ 배합 – 공기량 – 3~6%(일반 Con'c와 동일, 해양 Con'c 4~6%, AE Con'c 4.5~7.5%)

      ㉢ 시공 – 균질 교반(부분 팽창 방지), 품질 관리(팽창률, 강도)

    ⑤ 특성

      ㉠ 팽창률 ┌ 小 – 수축 보상용　　* 팽창률-시간 관계 그래프

            ├ 中 – 화학적 PS

            └ 大 – 무진동 파쇄용

      ㉡ 팽창 이론 – 팽윤설, 분화설, 결정 성장설

           cf) 팽윤 = 점성토 입자의 흡습 팽창

2) **고성능 Con'c** – 정의, 분류, 장·단점, 관리

① 정의

    ㉮ 내강유수!! – 고내구, 고강도, 고유동, 고수밀성 등을 갖는 Con'c

    ㉯ 발전

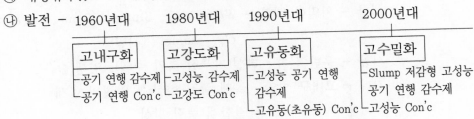

1960년대	1980년대	1990년대	2000년대
고내구화	고강도화	고유동화	고수밀화
┌공기 연행 감수제	┌고성능 감수제	┌고성능 공기 연행 감수제	┌Slump 저감형 고성능 공기 연행 감수제
└공기 연행 Con'c	└고강도 Con'c	└고유동(초유동) Con'c	└고성능 Con'c

② 분류

강도(MPa)	21	27	40	60	70	150
Con'c 종류	보통	고강도 경량	고강도	고내구	고성능	초고성능

③ 장·단점

    ㉮ 장점 – 고내구, 고강도, 고유동, 고수밀성

    ㉯ 단점 ┌ 시공성 – 품질 관리 난이

             ├ 경제성 – 공비↑

             └ 안정성 – 폭열 ┌ 원인/Mechanism

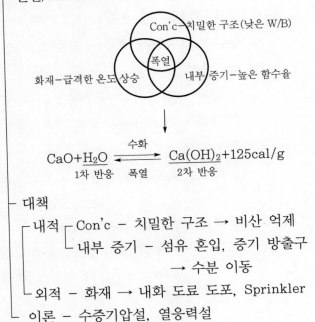

$$CaO + H_2O \underset{\text{1차 반응 \quad 폭열}}{\overset{\text{수화}}{\rightleftharpoons}} \underset{\text{2차 반응}}{Ca(OH)_2} + 125cal/g$$

                   ├ 대책

                      ┌ 내적 ┌ Con'c – 치밀한 구조 → 비산 억제

                            └ 내부 증기 – 섬유 혼입, 증기 방출구

                                    → 수분 이동

                      └ 외적 – 화재 → 내화 도료 도포, Sprinkler

                   └ 이론 – 수증기압설, 열응력설

④ 관리

㉮ 재료 – 치밀한 재료 – 결(MDF, DSP), 성(Silica Fume, Slump 저감형 고성능 AE 감수제), 골, 채

㉯ 배합 – 치밀한 배합 – W/B 35%↓, Slump 150mm↓, s/a 작게, G_{max} 25mm↓(치밀)

㉰ 시공 – 운반(신속), 타설(거푸집 측압 주의), 양생(습윤)

㉱ 기타 ┌ 고내구 방안 ┬ 골재 품질 향상 – 양질의 골재
　　　　　　　　　　├ 결합재 품질 향상
　　　　　　　　　　└ 피복 두께 증가 – 내구/내화성, 방청/부착성
　　　　├ 고강도 방안 ┬ 강도 개선 – 골재, Cement Paste
　　　　　　　　　　├ 부착 성능 개선 – 골재 Coating
　　　　　　　　　　└ 3축 재하 – 나선형 철근 → 보강 충전 강관 구조
　　　　└ 고유동 방안 ┬ 유동성 향상
　　　　　　　　　　├ 재료 분리 저항성 향상
　　　　　　　　　　└ 간극 통과성 및 충전성 향상

3) 유동화 Con'c = Base Con'c+유동화제

① 정의 – 단위수량 유지 or 감소하며 Workability 개선 → 고유동화, 고성능화

② 분류 – 유동화제 종류 – 표준형, 지연형

③ 장·단점

㉮ 장점 – 유동성↑ → 시공성↑ → 공기/공비 단축

㉯ 단점 – 재료 분리, 표면 기포, 측압↑

④ 관리

㉮ 재료 – 유동화제 주성분 – 멜나폴리 – 멜라민계, 나프탈린계, 폴리칼본산계, 리그닌계

㉯ 배합 – Slump 150~210mm

㉰ 시공 – 유동화 방법 공공, 공현(공장 첨가 현장 유동화), 현현, 유동화 Con'c 재유동화 원칙적 금지

⑤ 특성

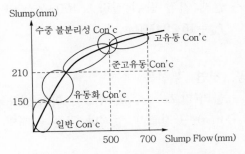 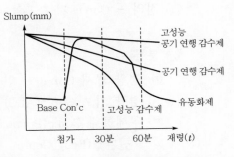

▶ 혼화제별 Slump–Slump Flow 관계 그래프 ▶ 유동화 Con'c 재령에 따른 Slump 곡선

* 고유동(초유동) Con'c = Base Con'c+고성능 공기 연행 감수제

㉮ 정의 ┌ 자기 충전성(다짐 작업 없이) – 가능한 Con'c

└ 유동성(재료 분리 없이)

㉯ 기준 ┌ 자기 충전성 – 1등급(철근 순간격 35~60mm), 2등급(60~200mm),

3등급(200mm 이상)

└ 유동성 – Slump Flow 600mm 이상

㉰ 제조 – 증점계, 분체계, 병용계

4) **고강도 Con'c** = Base Con'c+고성능 감수제

① 정의 – 일반 Con'c 40MPa 이상, 경량 Con'c 27MPa 이상

② 분류 – 고성능 감수제 – 표준형, 지연형

③ 장·단점

㉮ 장점 – 고강도 → 부재 경량화

㉯ 단점 – 고강도 → 취성 파괴, 부배합 → 수화열 → 온도 균열

④ 관리

㉮ 재료 – 고성능 감수제 주성분 – 멜나폴리 – 멜라민계, 나프탈린계,

폴리칼본산계, 리그닌계

㉯ 배합 – W/B 45% 이하, Slump Flow 500~700mm, G_{max} 40mm 이하

(가능한 25mm 이하)

㉰ 시공 – 운반(재료 분리, Slump 저하 적도록 신속히), 타설(낙하고 1m↓),

양생(습윤 양생)

5) 경량 Con'c

① 정의 – Con'c 자중 감소 → 골재 기건 단위 질량 $1,400 \sim 2,000 kg/m^3$,
$$f_{ck} = 15 \sim 24 MPa$$

② 분류

㉮ 경량 골재 Con'c – 인공, 천연, 부산물

㉯ 경량 기포 Con'c(ALC) – 물리(기포 – 수소, 염소), 화학(발포 – Al분말)

㉰ 무세골제 Con'c(Porous Con'c) – 잔골재 없거나 굵은 골재의 1/10

* 친환경(Eco) Con'c

┌ 환경 부하 저감형 – 에코 시멘트, 무세골재(Porous Con'c), 순환 골재 사용
└ 생물 대응형 – 생식처 확보형, 생식 악영향 무해형

* 순환 골재 Con'c

┌ 적용 – f_{ck}　　　　21MPa　　　　27MPa

　　　　　　순환 골재 사용 가능　순환 잔 골재 사용 불가　순환 골재 사용 불가

└ 기준 – 흡수율(잔 골재 5% 이하, 굵은 골재 3% 이하), AAR 무해할 것

③ 장·단점

㉮ 장점 – 자중↓, 열전도율↓

㉯ 단점 ┌ 물리 – 파쇄율 大, 흡수율 大(W↑ → Con'c 측면, 내부, …)
　　　　└ 화학 – 중성화, 동해 문제(경량 골재)

④ 관리

㉮ 재료 – 결, 성, 골(인공 경량 골재(팽창), 천연 경량 골재(화산석), 부산물
　　　　　경량 골재(Fly ash, Slag)), 채

㉯ 배합 – W/B 50% 이하(수밀성 기준 시), Slump 50~180mm

㉰ 시공 – Prewetting(Sprinkler 등으로 3일간 살수, 함수율 관리)

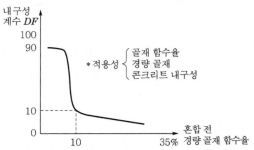

▶ 경량 골재 함수율과 내구성 계수 관계

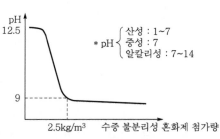

▶ 수중 불분리성 혼화제 사용에 따른 pH 변화 그래프

6) **중량 Con'c**(방사선 차폐용 콘크리트)

① 정의 – 방사선 차폐 → 골재 기건 단위 질량 2,500~6,000kg/m^3

② 분류 – 중량 골재 – 자철석, 적철석, 중정석

③ 장·단점

  ㉮ 장점 – 방사선 차폐

  ㉯ 단점 ┌ 물리 – 재료 분리, 골재 파괴(Workability↓, …), 취성 파괴,

                  강도 저하(방사선 조사 후 Creep)

              └ 화학 – AAR

④ 관리

  ㉮ 재료 – 결(중용열 Cement), 성(공기 연행제 가능한 사용 금지(방사선
          차폐)), 골(중량 골재 사용), 채

  ㉯ 배합 – f_{ck} 91 = 42MPa↑(원자로 차폐벽), W/B 50%↓, Slump 150mm↓
          (유동화 Con'c 별도)

  ㉰ 시공 – 이음부 없도록 타설, 진동 다짐 → 밀실 Con'c

⑤ 특성

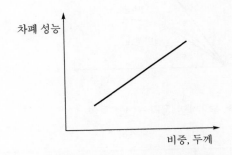
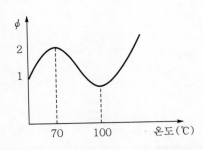

▶ 비중, 두께에 따른 차폐 성능 관계 그래프   ▶ Creep 계수와 온도와의 관계 그래프

7) 섬유 보강 Con'c

① 정의 – 섬유 보강 → 균열 저항성, 인성↑

② 분류

㉮ 단섬유 – GPCS – 유리, 폴리프로필렌, 탄소, 강섬유

㉯ 연속 섬유

㉰ 연속 섬유 시트, 하이브리드 시트

③ 장·단점

㉮ 장점 – 인성↑, 균열 저항성↑, 폭열 저항성↑

㉯ 단점 – Fiber Ball – 섬유재 뭉침 → 내구성 저하

길이	20mm		30mm		40mm		60mm
용도	Shotcrete		보통		Fiber Ball		Slab

㉰ 대책 – 재료(격자형), 장치(스크린)

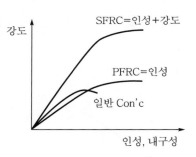

▶ 보강재별 응력 – 변형 특성

Key note

(2) 조건 – 서중/한중, Mass, 더운, 수중, 수밀, 해양, S/C

1) 서중/한중 Con'c – 정의, 문제, 관리

구분	서중 Con'c	한중 Con'c
① 정의	일평균 기온 25℃ 초과	일평균 기온 4℃ 이하
② 문제	• 내적 – 수화 반응 촉진 ⎡ 시간 → 수화 → Slump, 공기량↓ ⎣ 온도 균열↑, Cold Joint • 외적 – 수분 증발 과다 – 소성 수축 　균열, 단위 수량↑	• 내적 – 수화 반응 지연 　→ 초기 동해 우려(5MPa 　이하인 경우) • 외적 – 동결 온도 지속
③ 관리	• 재료 – 저열 시멘트, 지연제 • 배합 – 단위 시멘트량 적게 → 수화열↓ • 시공 – 양생(Cooling, 습윤) 　+관리(Cold Joint)	• 재료 – 조강 시멘트, 촉진제, 　동결 융해 저항제 • 배합 – 단위 수량 적게 　→ 초기 동해 방지 • 시공 – 양생(가열, 단열) 　+관리(Maturity)

④ 특성

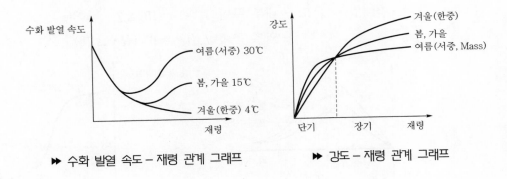

▶▶ 수화 발열 속도 – 재령 관계 그래프　　　　▶▶ 강도 – 재령 관계 그래프

2) Mass Con'c – 정의, 문제, 관련식

① 정의 – 수화열에 의한 온도 응력 및 온도 균열을 검토해야 하는 구조물.
　　　　하단 구속 $t \geq 0.5$m, 불구속 $t \geq 0.8$m

② 문제 – 온도 균열

③ 원인

　㉮ 팽창(내부 구속) – 내외부 온도차, 거푸집 탈형 시 온도 저하

　㉯ 수축(외부 구속) – 기존 지반, 기존 Con'c면 구속

④ 대책

수화열(125cal/g)→ 온도 증가 ──→ 온도 응력 증가 ──→ 온도 균열 발생

저감 방안	제어 방안	저감 방안
재료 : 저열 Con'c, 혼화 재료	신축 이음/수축 이음	섬유 보강
시공 : Cooling Method	분할 타설/초지연제	보강 철근
소극적 대책		적극적 대책

⑤ 검토

　㉮ 기왕 실적에 의한 방법

　㉯ 온도 균열 지수에 의한 방법

　　┌ 정밀법 – 응력 – $I_{cr}(t)$ = 재령 t일 인장 강도/재령 t일 인장 응력
　　└ 간이법 – 온도 ┬ 내부 구속 $I_{cr}(t) = 15/\Delta T_i$
　　　　　　　　　　└ 외부 구속 $I_{cr}(t) = 10/(R \cdot \Delta T_o)$

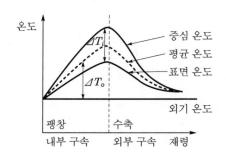

▶ Con'c 온도와 재령과의 관계 그래프

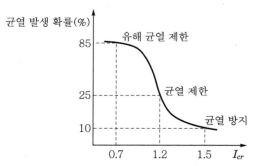

▶ 온도 균열 지수 그래프(균열 발생 확률)

⑥ 검토 해석 Program – MIDAS/CIVIL, DIANA, ADINA, ABAQUS

⑦ 관련식 ┬ 수화 반응식 CaO+H_2O ⇌ Ca(OH)$_2$+125cal/g(수화열)
　　　　　└ 단열 온도 상승식 $Q_t = Q\infty(1-e^{-rt})$

3) 서중 Mass Con'c = 더운 Con'c - 정의, 문제, 관리

    ① 정의 - 서중(일평균 기온 25℃ 초과)+Mass(수화열에 의한 온도 응력/균열을
                                        검토해야 하는 구조물)

    ② 문제

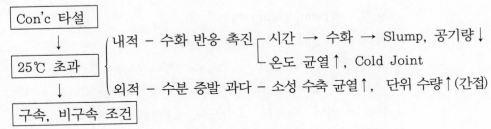

    ③ 관리

        ㉮ 재료 - 온도 - Pre-cooling

               ┌ 혼합 전 재료 냉각 ─→ ⎧ 골재±2℃
               ├ 혼합 중 Con'c 냉각 ⎨ 물±4℃ ⎬ 변화 시 Con'c±1℃ 변화
               └ 타설 전 Con'c 냉각 ⎩ Cement±8℃

        ㉯ 배합 - W/B↓ → 수화열↓

                                                         ┌ Pipe - 간격, 직경
        ㉰ 시공 - 양생 ┌온도 - Post-cooling - Pipe-cooling └ Cool - 온도, 시간, 양
                    └습도 - 습윤 양생 - 물 공급(물 양생), 물 보존(봉합 양생)

Key note

4) 수중 Con'c – 수중 타설

① 정의 – 해양, 하천, 니수 중 타설 Con'c → 해상 교각, 하천 현타, Slurry Wall

② 분류

㉮ 수중 타설 공법

┌ 원칙 – Tremi, Pump 이용
└ 임시 – 밑열림 상자, 밑열림 포대

㉯ PAC 공법 : Preplaced Aggregate Concrete,

조골재 미리 채움 → 고유동 Mortar 주입

┌ 분류 – 일반, 대규모, 고강도($f_{91} \geq 40$MPa)
└ 관리 – 재료(Intrusion Aid 첨가 – 유동성↑), 배합($G_{min} \geq 15$mm),

시공(주입압 0.3~0.5MPa)

③ 문제

㉮ 경화 전 – 품재다 – 품질 관리 난이, 재료 분리, 다짐 난이

㉯ 경화 후 – 강도 저하(기준 강도의 60~80%)

④ 관리

㉮ 재료 – 증점제 ┌ 내적 저항 – 재료 분리 저감제
                └ 외적 저항 – 수중 불분리성 혼화제
                              ↓
                         부작용 ┌ 경화 지연 – 경화제 사용
                               ├ 기포 발생 – 소포제 사용
                               └ 유동성 저하 – 유동화제 사용

㉯ 배합 ┌ W/B : 철근 해수, 철근 담수, 무근 해수, 무근 담수
       │   = 50, 55, 60, 65% 이하
       └ Slump : 밑열림 상자, 밑열림 포대(Slump 100~150mm),
                 Tremi, Pump(130~180mm)

㉰ 시공 – 유속 50mm/sec 이하, Tremi/Pump 선단 삽입 깊이 0.3~0.5m

⑤ 특성

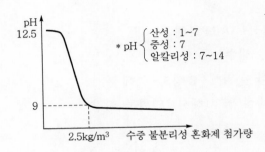

* pH $\begin{cases} \text{산성 : 1~7} \\ \text{중성 : 7} \\ \text{알칼리성 : 7~14} \end{cases}$

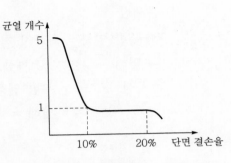

▶ 수중 불분리성 혼화제 사용에 따른 pH 변화 그래프

▶ 수축 이음 단면 결손율 그래프(비교!!)

5) 수밀 Con'c - 수중 구조

① 정의 - 투수, 투습, 수압에 영향을 받는 구조물 - 수리, 지하, 상하수도 구조물

② 관리

㉮ 재료 ┐ 수밀성 개선 ┌ 물질 혼합 × - W/B 50% 이하
㉯ 배합 ┘   └ 물질 혼합 ○ ┌ 외적(도포) - Sylverster Method
                              └ 내적(침투) ┌ 미세 분말 공극 채움 - 물리적
                                         └ 혼화재 - 화학적

                    * 실버스터스텔론은 미혼이다!!

㉰ 시공 - 균열, Cold Joint 관리

Key note

6) 해양 Con'c - 문제점, Mechanism, 관리

① 문제점

㉮ 복합 열화 = 화학적 침식+AAR+염해

㉯ 염해 = 외적 영향(해풍, 해수)

＊육상 구조물 ┌ 복합 열화 = 염해+중성화+동해
　　　　　　　└ 염해 = 내적 영향(해사, 염화물 함량)

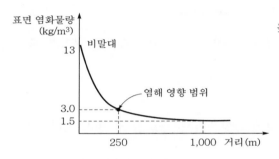

▶ 해풍 영향 그래프(염해 영향 범위)

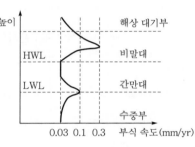

▶ 해수 영향 그래프(구조물 위치와
　침식 작용)

② Mechanism

㉮ 1단계 - 화학적 침식 - Con'c+해수($MgSO_4$) → $\underline{CaSO_4(석고)}$ → +C3A →
　　　　　　　　　　　　　　　Ettringite → 폭발적 팽창

㉯ 2단계 - 염해 - 균열 내 Cl- 이온 침입 → 철근 부식 팽창(2.5배) → 균열 증대

③ 관리

㉮ 재료 - 해양 Con'c - 시폴수폴 - 시멘트 Con'c, 폴리머 시멘트 Con'c,
　　　　　　　　　　　　　　　　　　수지 Con'c, 폴리머 함침 Con'c

㉯ 배합 - W/B 50% 이하(해중, 해상 대기 중, 물보라 = 50, 45, 40%↓)

㉯ 시공 ┌ 부식 대책 - 허용(부식 속도 설계 반영/무도장 내후성 강),
　　　　│　　　　　　 미허용(Con'c/강재)
　　　　└ 이음 피복 - 시공 이음 감조부 금지(HWL+0.6m, LWL-0.6m),
　　　　　　　　　　　 피복 두께 100mm↑

7) 숏크리트 – 분류, 관리, 요구 성능, 발전 흐름

① 분류

㉮ 용수 多 – 건식

㉯ 용수 少 – 습식

② 관리

㉮ 인적 – 분진 농도 – 측정 5분, 5m, 5mg/m³↓ (3mg/m³↓ 환기 가동시)

㉯ 물적 – 리바운드 ┌ 규정 – 일반적 20~30%
└ 관리 ┌ 재료 – 급결제(장기 강도 문제), 섬유
├ 배합 – W/B↑
└ 시공 – 거리(1m), 각도(90°)

③ 산악 터널 요구 성능

㉮ 장기 강도 – 일반 21MPa↑, 영구 35MPa↑

㉯ 뿜어붙이기 성능 ┌ 시공 사례 ○ – 조기 강도+분진 농도
└ 시공 사례 × – 조기 강도+분진 농도+Rebound율

④ 발전 흐름

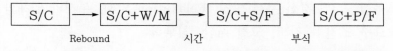

| S/C | → | S/C+W/M | → | S/C+S/F | → | S/C+P/F |

Rebound   시간   부식

* 분류별 차이점 – 거시기 반품

구분	건식	습식
거리	장거리	단거리
시간 제약	유리	불리
반발량	많음	적음
품질 관리	난이	용이

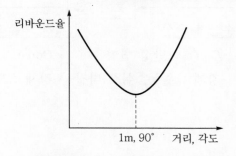

▶ 리바운드율 – 거리/각도 관계 그래프

057

(3) PS – 원리, 관리, 강재, 방식, 방법, 손실, Relaxation

1) 원리

응력 개념, 하중 평형 개념, 강도 개념

2) 관리

집중 Cable, 분산 Cable 관리

3) 강재

강봉(Relaxation 3%), 강선(Relaxation 5%)

4) 방식

① Pre-Tension – 타설 전 긴장 – 공장, 부착 – Long Line(연속식), Individual(단독식)
　　　　　　　방식

② Post-Tension – 타설 후 긴장 – 현장, 정착 – Bonded(Grouting), Un-bonded(Grease)
　　　　　　　type

　* PSC 강재 Grouting

　　┌ 목적 – PS 강선 부식 방지, Relaxation 억제, 부재와 일체화
　　├ 요구 조건 – 강도, 고결 시간, 침투력
　　└ 주입 시기/압/량 – PS 직후, 3kg/cm² 이상, 유출구 유출 시까지

5) 방법

기계(Jacking), 화학(팽창재), 전기(전류), 기타(Preflex)

6) 손실

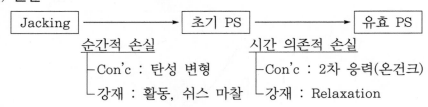

7) Relaxation

① 분류

순 Relaxation $= \Delta P/P_i =$ (최초 인장 응력－현재 인장 응력)/최초 인장 응력

겉보기 Relaxation = 순 Relaxation+2차 응력 손실

② 차이점

구분	Creep	Relaxation	비고
정의	시간 의존적 소성 변형	시간 의존적 응력 감소	
대상	콘크리트	강재	
Maxwell 이론			

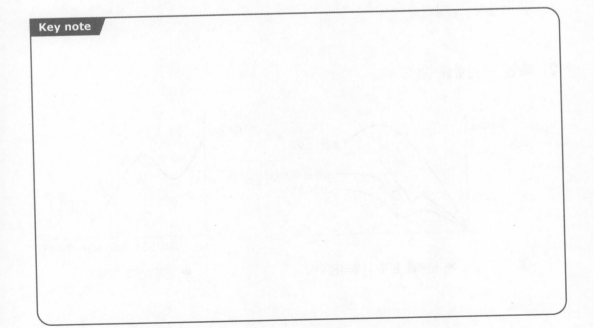

Key note

3 강재
(강재 = 기본+연결 방법+용접 결함)

1 기본 – 분류, 특성, 문제

(1) 분류 – 화학적, 구조적

1) 화학

① 탄소강 – Fe+C

* TMCP(Thermo Mechanical Control Process) : C↓→ 인성, 용접성↑→ 내진성↑

② 합금강 – Fe+C+α

* 무도장 내후성 강 : 쿠크인니(Cu, Cr, P, Ni)

안정녹층 부식 억제, 내식성(일반 강 4~8배), 국부 손상

2) 구조

보통강, 고장력강

(2) 특성 – 변형률, 온도

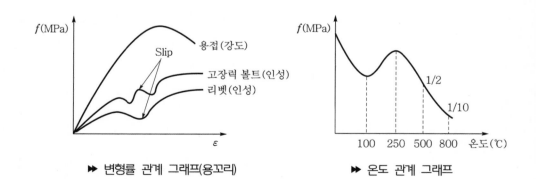

▶ 변형률 관계 그래프(용꼬리)　　　　▶ 온도 관계 그래프

(3) 문제 – 재질적, 구조적

1) 재질

① 물리적 – 결함 ┌ 내적 – Lamination(실금)
                └ 외적 – Scalling(흠)

② 화학적 – 부식 – 부동태 → 활성태 → 분해(철근) → 부식(철근)

2) 구조

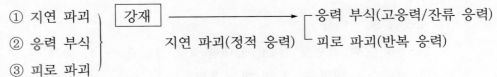

① 지연 파괴
② 응력 부식
③ 피로 파괴

강재 ──────→ ┌ 응력 부식(고응력/잔류 응력)
지연 파괴(정적 응력) └ 피로 파괴(반복 응력)

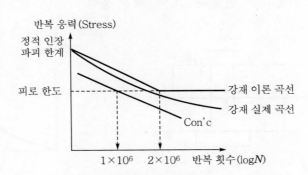

▶ $S–N$ 곡선(Stress–Number curve)

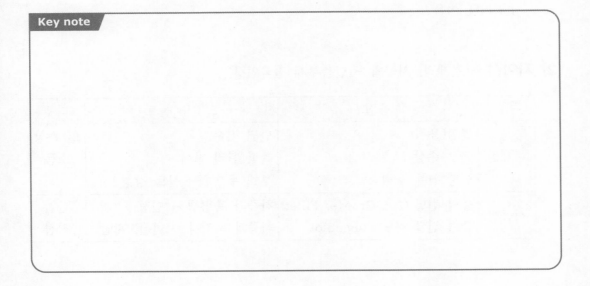

Key note

2 연결 방법 – 분류, 차이점

(1) 분류(용고리) – 야금적(용), 기계적(고, 리)

$$* \text{ 소수주형 판형교 이음 } \longrightarrow \begin{cases} \text{부재 두께 50mm↑ : 용접} \\ \text{부재 두께 50mm↓ : 고장력 볼트} \end{cases}$$

1) 야금적 – 용접 이음

2) 기계적

   ① 고장력 Bolt 이음

     ㉮ 공칭 응력 – 변형 전 A_s에 대한 응력 $\begin{cases} \text{압축} \to A_s \text{ 증가} \to \text{공} > \text{진} \\ \text{인장} \to A_s \text{ 감소} \to \text{공} < \text{진} \end{cases}$

     ㉯ 진응력 – 변형 후 A_s에 대한 응력

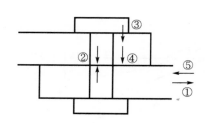

▶ 고장력 볼트 응력 전달 모식도

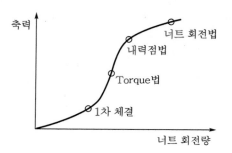

▶ 고장력 볼트 축력 검사 방법

   ② 리벳 이음

(2) 차이점 – 문제점, 시공법 – 단축부재 결국인장!!

구분	용접	고장력 볼트	리벳
문제점	결함(용접) 국부 손상 인장 잔류 응력	단면 결손 축력 관리 난이 부재 두께↑→ 볼트 강성↓	열 손상 소음
시공법	응력 전달 ○ – Groove, Fillet 응력 전달 × – Plug, Slot	하중과 축평행 – 인장 하중과 축직각 – 마찰, 지압	간접 직접

3 용접 결함 – 용접 검사, 용접 결함

(1) 용접 검사

1) 용접 전 – 트임새, 구속법

2) 용접 중 – 환경(습도), 자세, 전류

3) 용접 후 – 비파괴 검사 ┬ 육안 검사 – 지식과 경험 있는 Engineer
└ 비파괴 시험 ┬ 내부 – UT(초음파 탐상), RT(방사선 투과)
└ 외부 – MT(자분 탐상), PT(침투 탐상)

(2) 용접 결함 – 분류, 차이점

1) 분류

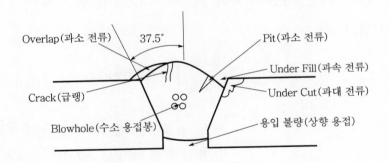

▶▶ 용접 결함 모식도

2) 차이점 – Under Fill과 Under Cut

구분	Under Fill	Under Cut
정의	채움 불량(용착 금속)	모재 손상(Notch)
문제	단면 결손	단면 결손
원인	과속 전류	과대 전류

4
토공
(토공 = 기본 + 응용)

토공 = | 기본 | + | 응용 |

├─조사/시험 - 조사, 검사, 시험　├─취약 5공종 - 절토/성토/접속부(취약 5공종)

├─분류/특성　　　　　　　　　　├─사면 안정 - 분류/차이점+사면 붕괴/산사태

└─토공 계획 - 유토 곡선　　　　└─다짐 - 특효를 규제하는 공장

1　기본 - 조사/시험, 분류/특성, 토공 계획

(1) 토공의 기본 사항 - 흙의 3상, 흙의 구조 및 전단 특성, 요구 조건, 문제점

1) 흙의 3상

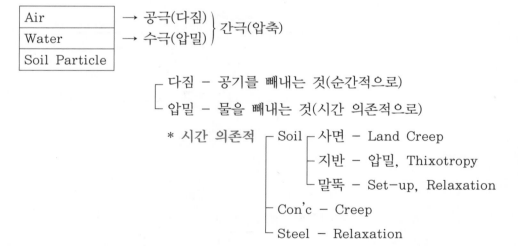

| Air |
| Water |
| Soil Particle |

→ 공극(다짐) ┐
→ 수극(압밀) ┘ 간극(압축)

┌ 다짐 - 공기를 빼내는 것(순간적으로)
└ 압밀 - 물을 빼내는 것(시간 의존적으로)

＊ 시간 의존적 ┌ Soil ┌ 사면 - Land Creep
　　　　　　　　│　　　├ 지반 - 압밀, Thixotropy
　　　　　　　　│　　　└ 말뚝 - Set-up, Relaxation
　　　　　　　　├ Con'c - Creep
　　　　　　　　└ Steel - Relaxation

2) 흙의 구조 및 전단 특성

① 흙의 구조

㉮ 사질토 - 단립, 봉소 구조 → 골재 맞물림 → 동적 다짐

㉯ 점성토 - 면모, 이산 구조 → 전기적 결합 → 정적 다짐

② 전단 특성 – $\tau_f = c + \sigma' \tan\phi$

㉮ 점토 – 점착력(c)

㉯ 모래 – 상대 밀도(D_r)

㉰ 자갈 – Interlocking

㉱ 암반 – 불연속면의 특성

3) 요구 조건

① 건설 기계 – 내안에정범 – 내구성, 안전성, 정비성, 범용성+경제성

② 성토 재료 – 전공T입지 – 전단 강도, 공학적 특성, Trafficability, 입도, 지지력

③ 약액 – 강도고침 – 강도, 고결 시간, 침투력

④ 기초 – 내시경근입 – 지내력, 시공성, 경제성, 근입 깊이(세굴, 동결)

4) 문제점

토공 구조물	문제점	원인
사면	활동(원평쐐전)	전단 파괴
흙막이	주변 침하, 벽체 변위, Heaving	토압, 수압
물막이	Boiling, Piping, 변체 변위	수두차, 수압
연약 지반	침하, 측방 유동	압축성

(2) 조사/시험 – 조사 → 검사 → 시험(분류, 특성)

1) 조사

① 방법

㉮ 예비 조사

㉯ 현장 답사

㉰ 본 조사 – 검사 → 시험

② 범위

㉮ 발생 위치/시기

㉯ 발생 규모(깊이, 폭, 길이, 개수, 간격)

㉰ 진행/관통 여부

③ 계획(시공) – 계약 조건, 현장 조건

2) 검사

① 파괴적 개념

② 비파괴 검사

㉮ 육안 검사

㉯ 비파괴 시험

```
┌ Con ┬ 강도 변형 ┬ 순수 비파괴 - 초음파, 타격법
│     │          └ 부분 파괴 - Pull-out, Break-off법
│     ├ 열화 ┬ 중성화 - 페놀프탈레인 용액
│     │      └ 염해 - 질산은 적정법
│     └ 내부 탐사 ┬ 균열/두께 - 초음파, AE법
│                 └ 철근 위치
├ 강재 ┬ 내부 - UT, RT - 초음파 탐상, 방사선 투과
│      └ 외부 - MT, PT - 자분 탐상, 침투 탐상
└ 지반  ┬ 파 이용 ○ ┬ 탄성파 - 표면, 굴절, 반사법
  (물리 │            │   → TSP - 200~300m 막장 전방 예측
   탐사)│            └ 전자기파 - 고, 중간, 저주파
        │                → GPR - 지표 및 구조물 상태 조사
        └ 파 이용 × ┬ 방사능
                    └ 전기 비저항
```

㉰ AE(Acoustic Emission, 미소 파괴음)법

- 원리 - 파괴 강도에 해당하는 하중 재하 시 미소 파괴음 발생률 증가
- 방법 - 재하에 따른 미소 파괴음 발생률 측정
- 적용 - Con'c 내부 균열 탐사, 암반 터널 초기 지압 측정

3) 시험 - 분류, 특성

① 분류

    ㉮ 실내 시험 ┬ 역학 - 다짐, 전단, 압밀 시험

                ├ 물리 - 입도, 함수량, 비중

                └ 화학 - pH

    ㉯ 현장 시험 ┬ 파괴적 시험 - Sounding, 재하 시험 - SPT, PBT, CBR

                └ 비파괴 시험 - 물리 탐사 - 파 ○, × - 삼성전자 방전!!

                       - 탄성, 전자, 방, 전

② 특성

구분	SPT	PBT	CBR
원리	하중(충격) - 관입/횟수	하중(지속) - 침하량	하중(관입) - 관입량
구성 요소	Rod	Plate	Piston
시험법	63.5kg 추→75cm 낙하 →30cm 관입 횟수 N	하중-침하량 시험 K=하중 강도/침하량	하중-관입량 시험 CBR=시험 하중/표준 하중
장·단점	장점 : 사질토 신뢰도 ↑ 단점 : 점성토 신뢰도 ↓	장점 : 신뢰성 높음 단점 : 설비가 대규모	장점 : 광범위한 토질 시험 단점 : 대표성 부족
적용	흙의 지내력 측정, 토질 주상도 기초 자료	CCP 포장 설계, 지반 지지력	ACP 포장 설계, 노상 지지력
주의 사항	N값 수정 ┬ 로드 길이 ├ 토질 └ 상재 하중	Scale Effect, 지하수위 변화, 침하량/지지력 변화	설계 CBR - 포장 두께 선정 CBR - 성토 재료

(3) 분류/특성 - 분류, 특성

1) 분류

① 입도에 의한 분류 - 입경 분류법, 삼각좌표 분류법

② 컨시스턴시에 의한 분류 - Casagrande법

③ 입도 및 컨시스턴시에 의한 분류 - 통일 분류법, AASHTO

2) 특성 - 통일 분류법, 사질토와 점성토, 흙의 문제점

① 통일 분류법 - 정의, 입도, Consistency

⑦ 정의

입경을 바탕으로, $\left\{ \begin{array}{l} \text{입도와} \\ \text{Consistency} \end{array} \right\}$ 를 고려한 흙의 공학적 분류 방식

→ 국지적 특성 미반영

⑭ 입도

입도 곡선 = 입경 가적 곡선 → D10 = 가적 통과율 10%에 해당하는 입경

- 주요 입경 - D10(유효 입경, 사질토 투수성), D30, D60, D50
  (액상화 판정 기준)

- 입도 양호 ┬ Cu = D60/D10 → 양호 조건 : 자식사랑은 모유다!!
  (Cu+Cg) │   자갈>4, 모래>6
  └ Cg = $(D30)^2/(D10 \times D60)$ → 양호 조건 : 1<Cg<3

- 필터 조건 ┬ 기능 - 배수 원활 및 토립자 유출 방지
  └ 규정 - (4~5)D15 < F15 < (4~5)D85

⑭ Consistency

- 정의 - 세립토의 함수비 변화에 따른 상태 변화(고→반→소→액)
- 특성

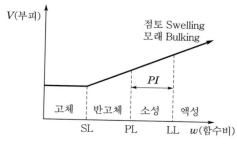

▶ Consistency 한계(Atterberg 한계) 그래프

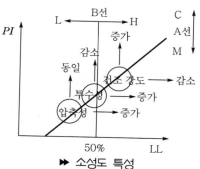

▶ 소성도 특성

② 사질토와 점성토

㉮ 차이점

구분		사질토(자갈, 모래)	점성토(실트, 점토)
전단특성	전단 강도	$\tau_f = c + \sigma' \tan\phi$	$\tau_f = c$
	문제점	Boiling Bulking Quick Sand 액상화, Piping	Heaving Swelling Quick Clay 예민성, 동해(Silt질)
일반특성	구조	단립/봉소 구조→골재 맞물림→진동	면모/이산 구조→전기적 결합→전압
	단위 중량	1.6~2.0	1.4~1.8
	투수 계수	1×10^{-3}cm/sec ↑	1×10^{-6}cm/sec ↓
	입경	#200체(0.074mm) 통과율 50%↓	#200체(0.074mm) 통과율 50%↑

③ 흙의 문제점

㉮ Boiling과 Heaving

- 차이점

구분	Boiling(수두차 붕괴)	Heaving(중량차 붕괴)
지반	사질토	점성토
문제점	전단 강도↓	전단 응력↑
원인	상하류 수두차 → 상향 침투력	토괴 중량, 피압
대책	$F_s = i_c/i$ → $i(=h/L)\downarrow$ → $h\downarrow$, $L\uparrow$	$F_s = $ 저항 M/활동 M → 저항 $M\uparrow$, 활동 $M\downarrow$

- 모식도

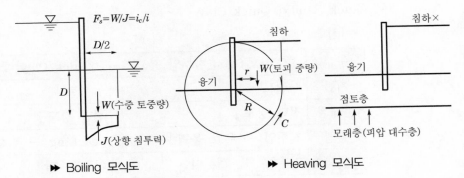

▶ Boiling 모식도　　　▶ Heaving 모식도

④ Bulking과 Swelling

┌ 차이점

구분	Bulking(표면 장력 팽창)	Swelling(입자 흡수 팽창)
지반	사질토	점성토
문제점	팽창 → 겉보기 C↑, 다짐 불량	팽창 → 지반 융기, 터널지압
원인	물 → 표면 장력	물 → 점토 광물(KIM) 흡수
대책	물다짐	치환, 안정 처리

└ 모식도

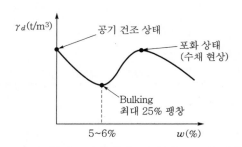

▶ Bulking 곡선 – 강재 온도 곡선, Creep 곡선 비교

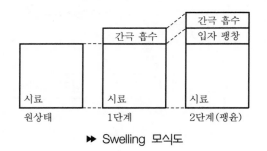

▶ Swelling 모식도

④ Quick Sand와 Quick Clay

차이점

구분	Quick Sand(침투압 붕괴)	Quick Clay(예민성 점토)
지반	사질토	점성토
문제점	전단 강도↓	전단 강도↓
원인	침투압 → 유효 응력↓	Leaching → 부착력↓
대책	지, 치, 고, 탈, 다	치, 고, 탈

㉣ 액상화

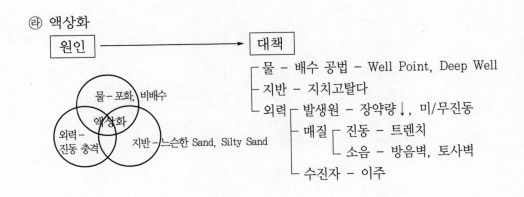

㉤ Piping

```
┌ 원인/Mechanism
│    ┌──────┐   ┌─────────────────────────────────┐   ┌────────┐
│    │초기 세굴│ → │v=ki에서, i(=h/l)↑ → v↑ → 세굴 가속화│ → │제체 붕괴│
│    └──────┘   └─────────────────────────────────┘   └────────┘
│    동물 구멍, 식물 고사
└ 대책 - Fs = ic/i 에서,
         i↓ ┌ h↓ - 상하류 수두차 감소
            └ L↑ - 침투 거리 증가 - 제체 길이 증가, 지중 차수벽
```

원인/Mechanism

$$v = ki \text{ 에서, } i(=h/l)\uparrow \rightarrow v\uparrow \rightarrow \text{세굴 가속화}$$

대책 $- F_s = i_c / i$ 에서,

$i \downarrow \begin{cases} h \downarrow - \text{상하류 수두차 감소} \\ L \uparrow - \text{침투 거리 증가 - 제체 길이 증가, 지중 차수벽} \end{cases}$

(바) Thixotropy

Mechanism

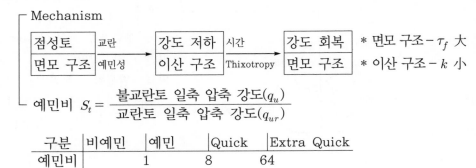

* 면모 구조 - τ_f 大
* 이산 구조 - k 小

예민비 $S_t = \dfrac{\text{불교란토 일축 압축 강도}(q_u)}{\text{교란토 일축 압축 강도}(q_{ur})}$

구분	비예민	예민	Quick	Extra Quick
예민비	1	8	64	

▶▶ 일축 압축 강도 – 변형률 곡선   ▶▶ Thixotropy 모식도

Key note

㉯ 흙의 동상 - 문원대형검

├ 문제점

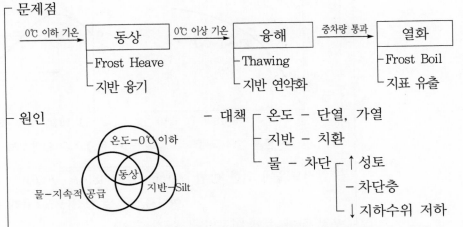

├ 원인

├ 대책 ┌ 온도 - 단열, 가열
│   ├ 지반 - 치환
│   └ 물 - 차단 ┌ ↑ 성토
│   ├ 차단층
│   └ ↓ 지하수위 저하

온도-0℃ 이하
동상
물-지속적공급   지반-Silt

├ Mechanism - 동해 이론 - 모세관 이론(외부), 열역학 이론(내부)

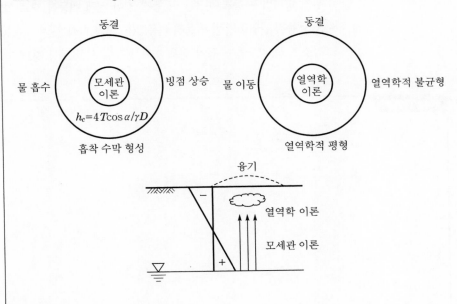

동결   동결
물 흡수 모세관   빙점 상승   물 이동 열역학   열역학적 불균형
         이론   이론
$h_c = 4T\cos\alpha/\gamma D$
흡착 수막 형성   열역학적 평형

융기
열역학 이론
모세관 이론

└ 검토

├ 동결 심도 결정(현동열, 완노감)
│ ├ 현장 조사에 의한 방법 - 2월말 조사
│ ├ 동결 지수에 의한 방법 동결 심도 $Z\text{(cm)} = C\sqrt{F}$
│
│ 여기서, C : 정수(3~5), F : 동결 지수(℃ · day)
│
│ 수정 동결 지수 $F' = F \pm 0.9 \times$ 동결 기간×표고차/100

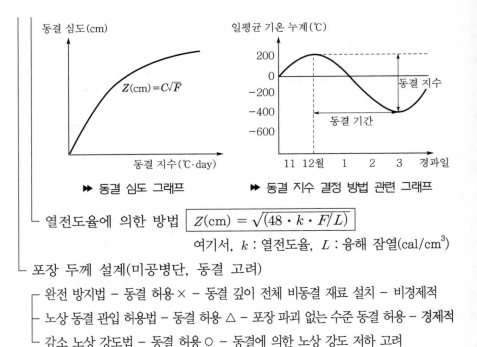

➡ 동결 심도 그래프   ➡ 동결 지수 결정 방법 관련 그래프

└ 열전도율에 의한 방법 $Z(\text{cm}) = \sqrt{(48 \cdot k \cdot F/L)}$

여기서, k : 열전도율, L : 융해 잠열(cal/cm³)

└ 포장 두께 설계(미공병단, 동결 고려)

┌ 완전 방지법 – 동결 허용 × – 동결 깊이 전체 비동결 재료 설치 – 비경제적

├ 노상 동결 관입 허용법 – 동결 허용 △ – 포장 파괴 없는 수준 동결 허용 – 경제적

└ 감소 노상 강도법 – 동결 허용 ○ – 동결에 의한 노상 강도 저하 고려

Key note

(4) 토공 계획 – 토취/사토장 선정, 토공 계획, 유토 곡선, 환산 계수

1) 토취/사토장 선정

① 고려 사항 – 질량경법시기 – 토질, 토량, 경제성, 법규, 시공성, 기타+환경

② 조사 사항 – 예현본

③ 복구 대책 – 사면 안정, 토사 유출, 지반 개량

2) 토공 계획

① 선형 토공 – 유토 곡선(토적 곡선, Mass Curve) – 종방향법, 횡방향법

② 단지 토공 – 화살표법(Block 토량 계산) – 평균 단면법, 주상법, 등고선법 등

* TOCYCLE(www.tocycle.com) – 토석 정보 공유 System(국토해양부)

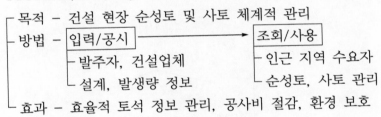

- 목적 – 건설 현장 순성토 및 사토 체계적 관리
- 방법 – 입력/공시 ──────→ 조회/사용
  - 발주자, 건설업체
  - 설계, 발생량 정보
  - 인근 지역 수요자
  - 순성토, 사토 관리
- 효과 – 효율적 토석 정보 관리, 공사비 절감, 환경 보호

* 토공 Balance – 내역서는 원지반 기준

굴착 → 굴착량, 사토량

되메우기 → 유용토, 순성토

굴착량 = 구조물 체적+유용토+순성토

사토량 = 구조물 체적+순성토

Key note

3) 유토 곡선

① 원칙(토량 배분) - 높은 곳 → 낮은 곳, 한 곳에 모아 일시에, 운반 거리는 짧게

② 작성

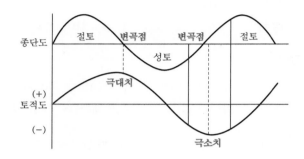

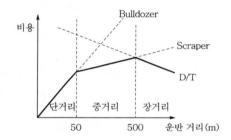

▶ 경제적 운반 거리(거리 - 비용 관계)

4) 환산 계수

① 토량 변화율 $\left[\begin{array}{l} L\,(팽창률) = 흐트러진\ 토량/자연\ 상태\ 토량 \\ C\,(압축률) = 다져진\ 토량/자연\ 상태\ 토량 \end{array}\right.$

② 토량 환산 계수

구분	자연 상태	흐트러진	다져진 후
자연 상태 →	1	L	C
흐트러진 →	$1/L$	1	C/L
다져진 후 →	$1/C$	L/C	1

③ 적용성 - 장비의 작업 능력(Q) 산정에 적용

예) Shovel계 $Q = 3{,}600 \cdot q \cdot k \cdot f \cdot E / C_m$

2 응용 – 취약 5공종, 사면 안정, 다짐

(1) 취약 5공종 – 절토부, 성토부, 접속부(취약 5공종)

1) 절토부

① 토처리 – 사면 안정, 토사 유출, 지반 개량+사토 처리

② 물처리 – 지표수, 지하수, 공사 사용수

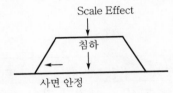

2) 성토부

① 높이 ┌ 고성토 – Scale Effect, 침하, 사면 안정
       └ 저성토 – 주행성(Trafficability)

② 토질 ┌ 고함수비 점성토 – 과다짐, 주행성 문제
      ├ 화강 풍화토 – 과다짐, 강도 문제
      └ 암버력 – 다짐 난이, 압축 침하 문제

3) 접속부(취약 5공종) – 토토 + 구토

① 토공/토공 – 간극비 차이, 지지력 – 편절/편성토, 확폭, 종방향 흙쌓기/땅깎기

② 구조물/토공 – 압축성 차이 – 시공중(뒷채움) 공용중(단차, Approach Slab)

Key note

---

(2) 사면 안정 – 분류, 차이점+사면 붕괴, 산사태 – 중요!!

1) 분류

① 토질 ┬ 토사 사면 – 붕락, 활동, 유동 　　＊ 활동 = 원평쐐

　　　　└ 암반 사면 – 붕락, 활동, 전도

② 성인 ┬ 자연 사면 – Land Slide, Land Creep

　　　　└ 인공 사면 – 절토 사면, 성토 사면

③ 형태 – 단순, 무한, 복합 사면

2) 차이점

구분	Land Slide	Land Creep
원인	전단 응력 증가(호우, 지진)	전단 강도 감소(지하수위 상승)
시기	호우 중 또는 직후 지진 시	강우 후 시간 경과
형태	소규모, 순간적	대규모, 지속적
지형	급경사면(30° 이상)	완경사면(30° 이하)
지질	풍화암, 사질 지반	파쇄대, 연질암대

Key note

3) **사면 붕괴** = 인공+자연 사면   문원대형검!!

① 문제

　　㉮ 구조적 │ 직접적 │ 1차적 – 인적, 물적 피해
　　㉯ 비구조적 │ 간접적 │ 2차적 – 간접, 파급 효과 → 사회 기회 비용 문제

② 원인

　　㉮ 자연 사면 ┌ 내적 원인 – 전단 강도↓ → Land Creep
　　　　　　　　 └ 외적 원인 – 전단 응력↑ → Land Slide

　　㉯ 인공 사면 – 설계, 재료, 시공, 유지 관리

③ Mechanism

　　㉮ 자연 사면

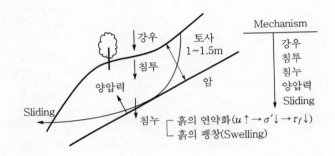

　　　　　　　　　　▶ 산사태 발생 모식도

　　㉯ 인공 사면

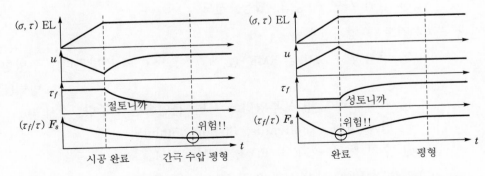

▶ 절토 사면 시공에 따른 안전율 변화　　▶ 성토 사면 시공에 따른 안전율 변화

④ 대책 – 사면 안정 공법

　㉮ 보호 공법 – F_s 유지 ┬ 도로 ┬ 식생공 – 전면 식생, 부분 식생, 부분 객토 식생
　　　　　　　　　　　　　　└ 구조물공

　　　　　　　　　　├ 댐 ┬ Earth Fill Dam – 상류(안정, Con'c 블록),
　　　　　　　　　　　　　　　　　　　　　　　　하류(미관, 식생공)
　　　　　　　　　　　└ Rock Fill Dam – 상류(안정, 파랑에 안정한 사석),
　　　　　　　　　　　　　　　　　　　　　　　　하류(미관, 장석)

　　　　　　　　　　└ 하천 ┬ 비탈 덮기공
　　　　　　　　　　　　　　└ 비탈 멈춤공

　㉯ 안정 공법 – F_s 증가 ┬ $\tau_f \uparrow$ – 영구 대책(억지공) – S/N, E/A
　　　　　　($F_s = \tau_f / \tau$) └ $\tau \downarrow$ – 임시 대책(억제공) – 배토공, 성토공

$$\tau_f = c + (\sigma - u)\tan\phi$$

　　　　　　　　　　┌ $c \uparrow$: Grouting
　　　　　　　　　　│ $\sigma \uparrow$: 앵커
　　　　　　　　　　│ $u \downarrow$: 지하수 $\downarrow$
　　　　　　　　　　└ $\phi \uparrow$: 다짐

　㉰ 다짐 공법 ┬ 피복토 설치 ○ – 부슬부슬 – 사질토, 비점착성 흙, 침식성 흙
　　　　　　　　└ 피복토 설치 × – 성토 다짐 – 기계 다짐, 더돋기 후 절취,
　　　　　　　　　　　　　　　　　　　　　　　　완경사 후 절취

⑤ 형태

　㉮ 토사 사면 – 붕락, 활동, 유동 활동 = 원(다방향)/평(일방향)/쐐(이방향)

　㉯ 암반 사면 – 붕락, 활동, 전도

⑥ 검토 – 경기한수

　㉮ 경험적 – SMR = RMR+$(f_1 \times f_2 \times f_3)+f_4$ – 방방뜬다!! – 방향성 계수,
　　　　　　　　　　　　　　　　　　　　　　　　방법(굴착) 계수

　㉯ 기하학적 – 평사 투영법 = 사면+불연속면의 주향, 경사

　㉰ 한계 평형 – Fellenius, Bishop, Janbu법

　㉱ 수치 해석 – FEM, FDM, DEM, DDM

⑦ 계측 – USN 기반 사면 안정 Mnitoring System – CCTV, GPS 측점, 지중
　　　　　　　　　　　　　　　　경사계(수직, 수평), 지하 수위계

4) **산사태 = 자연 사면**

　① 우리나라 강우 특성

　　㉮ **호우 집중** – 연간 강수량의 2/3 우기철(6~9월) 집중

　　㉯ **강우 강도** – 강우 강도 100mm/hr 빈번, 근간 150mm/hr 육박

　　㉰ **하상 계수** – Q_{max}/Q_{min} = 100단위(외국 10단위)

　　㉱ **지역 특색** – 남부(집중 호우), 중부(누적 강우)

　② 문제점 – 1, 2차

　③ 원인 – 내적, 외적

　④ 대책 – 안전율 유지, 안전율 증가

　⑤ 형태 – Land Slide, Land Creep

5) **표준 구배 = 인공 사면**

구분		국토해양부	도로공사
토사	5m ↑	1:1.5	1:1.5
	5m ↓	1:1.2	1:1.2
풍화암		1:0.7	1:1.0
발파암		1:0.5	1:0.5

→ ┌ 문제 – 일률적 표준 구배 적용 → 붕괴
　 └ 대책 – 차별적 사면 대책(지형, 지질, 지역 특성 고려)+계측 관리

Key note

(3) 다짐 - 특효를 규제하는 공장 - 중요!!

* OMC - 일정한 작업량에서 흙이 가장 잘 다져질 때의 함수비

1) 원리

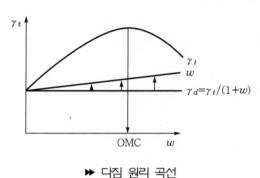

▶ 다짐 원리 곡선　　　　　▶ 다짐 곡선

2) 특성 - 건전투수 밀도안공

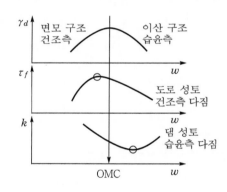

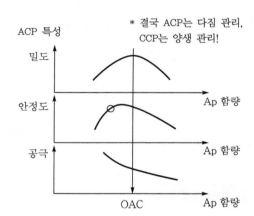

* 결국 ACP는 다짐 관리, CCP는 양생 관리!

3) 효과 - 다짐 효과에 영향을 주는 요인이 뭐에유? - 함토에유

① 함수비

　㉮ 多 - Sponge - 다짐 곤란

　㉯ 少 - Interlocking - 다짐 곤란

③ 유기물 함량

　많을수록 효과 저하

② 토질/에너지

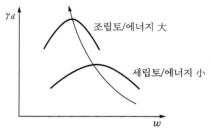

4) 규정

① 품질 규정 (규정)

항목	기준	적용
강도	CBR, Cone 지수, k값	사질토, 암괴
변형량	P/R, 벤켈만빔 시험	노상, 시공 중 성토면
건조 밀도	γ_d	도로, 댐 성토
포화도	85~95%	고함수비 점성토
상대 밀도	간극비	사질토

② 공법 규정 : 다짐 두께, 다짐도, 다짐 방법

5) 제한

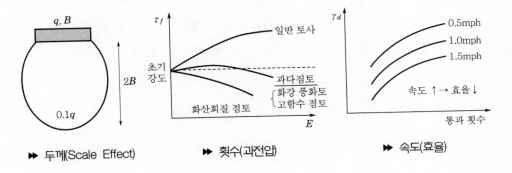

▶ 두께(Scale Effect)　　　▶ 횟수(과전압)　　　▶ 속도(효율)

6) 공법

① 평면 다짐

㉮ 좁은 경우 – Plate Type – 충격식(Rammer, Tamper)

㉯ 넓은 경우 – Roller Type – 진동식(사질토), 전압식(점성토)

② 비탈 다짐

㉮ 피복토 설치 ○ – 부슬부슬한 흙 – 사질토, 비점착성 흙, 침식성 흙

㉯ 피복토 설치 × – 기계 다짐(Winch+Roller), 더돋기 후 절취, 완경사 후 절취

7) 장비

① 정적 장비, 동적 장비

② Roller Type, Plate Type

5

건설 기계
(건설 기계 = 기본 + 분류 + 선정/조합)

---

1 기본 - 목표 전망, 요구 조건, 작업 능력, 경제 수명

(1) 목표 전망

1) 목표 - 시공 관리 ┌ 목적물 관리 - 공기 단축, 원가 절감, 품질 향상
　　　　　　　　　　└ 사회 규약 - 안전 확보, 환경 보호

2) 전망 - 다기능화, 대형화, 표준화, 환경 친화적, 인간 중심적 → 무인화

(2) 요구 조건

내구성, 안전성, 정비성, 범용성+경제성

(3) 작업 능력 - 작업 능력, 시공 효율

1) **작업 능력**

$$Q = C \cdot E \cdot N$$

여기서, Q : 작업 능력(m^3/hr)

　　　　C : 작업량(1회당)

　　　　E : 작업 효율 = E_1(작업 능률 계수)$\times E_2$(작업 시간율)

　　　　N : 작업 횟수(시간당)

구분	C	E	N
Shovel계	$q \times k \times f$	$E_1 \times E_2$	$3,600/C_m$
Dozer계	$q \times f$		$60/C_m$
Ripper계	$A \times l$		$60/C_m$

여기서, q : 버킷 용량
　　　　k : 버킷 계수
　　　　f : 토량 환산 계수

2) **시공 효율**

작업 효율 = $E_1 \times E_2$
가동률
시간 효율

향상 방안 ──▶
- 내적 ┬ 인적 – 숙련공, 의욕 고취
      └ 물적 – 신형 기계, 유지 관리
- 외적 – 천후 관리, 장비 조합, Trafficability 등

(4) 경제 수명 – 경제 수명, 경제 거리, 경비(기계)

1) **경제 수명**

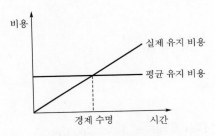

실제 유지 비용
평균 유지 비용

▶▶ 경제 수명 그래프(실제 비용)

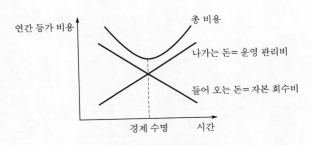

총 비용
나가는 돈 = 운영 관리비
들어 오는 돈 = 자본 회수비

▶ 경제 수명 그래프(총 비용)

2) **경제 거리** – 비용–거리 그래프

3) **경비(기계)** – 기운조운 감정관리

<u>기계 손료</u>, 운전 경비, 조립/해체, 운송

┬ 감가상각비
├ 정비비
└ 관리비

2 분류 – 분류, 특성

(1) 분류 – 기본, 전문

1) 기본

CBS – Crusher, Bulldozer, Shovel+다짐 장비

2) 전문

터널(Shield, TBM), 항만(준설선), 기초(Hammer)

(2) 특성 – Crusher, 다짐 장비

1) Crusher

① 분류

㉮ 정치식 ┬ 1차(조쇄) – Jaw Crusher

　　　　　├ 2차(중쇄) – Cone Crusher

　　　　　└ 3차(분쇄) – Triple Roll Crusher

㉯ 이동식

구분	정치식	이동식
생산 능력	대형(400ton/hr↑)	소형(200ton/hr↓)
운반 설치	복잡, 난이	단순, 용이
적용성	석산(다종, 다량)	현장(골재, 순환 골재)

② 파쇄 원리 – 압축력, 충격력, 전단력, 마멸력, 뒤틀림

③ 환경 문제

㉮ 문제 : 터널 암버력 파쇄 사용 → S/C 및 Steel Fiber 검출(폐기물)

㉯ 대책 : 터널 S/C 작업 전 암버력 Sheet 보호, Crusher장 S/F Screen 설비(자석)

2) 다짐 장비

① 분류 – 좁은 경우(Plate Type), 넓은 경우(Roller Type)

② Effect – Scale Effect, Kneading Effect

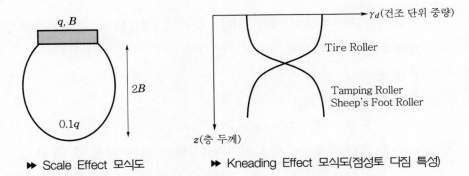

▸ Scale Effect 모식도   ▸ Kneading Effect 모식도(점성토 다짐 특성)

Key note

3 선정/조합 - 선정, 조합 - 현장 사례!!

(1) 선정

1) 원칙 - 비용, 새장비, 특수 기능, 수리비, 대형화, 표준화+(경제성, 시공성)

2) 고려 사항 - 토종물소

① 토질

㉮ Trafficability

┌ 판정 - 콘 지수(kg/cm^2)

├ 조건 - F_s = 지반 지지력/(장비 접지압+부설 중량) = $Q_{ult}/P > 1.5$

└ 향상 ┬ 지지력↑ - 쇄석 부설, 지표수 처리   대나무 매트, 순환 골재, PTM

    └ 접지압↓ - 장비 중량↓, 접지 면적↑   호버크래프트

㉯ Ripperbility - 판정 - 탄성파 속도(km/sec)

㉰ 암괴 상태

② 종류(작업)

③ 물량(작업)

④ 소음/진동

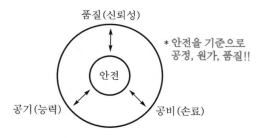

➤ 선정 시 고려 사항 모식도

(2) 조합 - 조병주시예

1) 원칙 ┌ 병렬 조합

    ├ 주작업+보조 작업

    ├ 시공 속도 균등화

    └ 예비 기계 수 결정 $x = n(1-f)$ (여기서, n : 사용 대수, f : 가동률)

6

연약 지반
(연약 지반 = 정의 + 문제점 + 대책 + 시공 관리)

연약 지반 = 정의+문제점+대책+시공 관리   정문대시!!

- 정의 – 내적, 외적
- 문제점 – 안정, 침하, 유동
- 대책 – 하중 조절, 지반 개량, 지중 구조물 형성
- 시공 관리 – 계측 관리를 바탕으로 안정과 침하 관리

1 정의 – 내적, 외적

(1) 내적

시간 의존적 연약화 지반 – 매립토, 유기질토

(2) 외적

1) **상**대적 – 상부 구조물 하중을 지지할 수 없는 지반

2) **절**대적 – 사질토 $N < 10$, 점성토 $N < 4$

Key note

---

2 문제점 – 안정, 침하

(1) 안정

1) **사면 안정** – 자연 사면, 인공 사면

2) **측방 유동** – 성토 지반, 교대 구조

　① 성토 지반 – 안정과 침하　　　　수평 방향 계측 항목, 마구토

　② 교대 구조 – 문제점, 원인, 대책

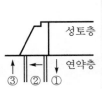

문제점	원인	대책
① 배면 침하	성토층 하중 과다, 연약층 지지력 부족	하중 경감 – 경량성토, 중공 구조 지반 개량 – 지치고탈다
② 수평 이동 → 기초 편기, 낙교	수평 저항력 부족	기초 보강 – 말뚝 단면, 개수 증가 교대 보강 – Anchor, 버팀보
③ 전면 융기	수직 저항력 부족	교대 전면 압성토

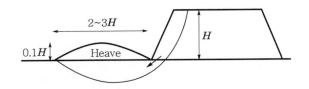

▶▶ 성토 지반 측방 유동 발생 모식도

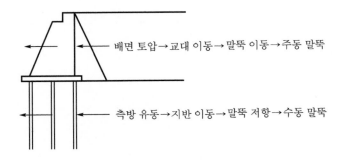

▶▶ 교대 구조 측방 유동 모식도(주동/수동 말뚝)

(2) 침하

1) 침하 시간

$$t = T_v \cdot H^2 / C_v$$

여기서, H : 배수 거리

2) 침하량

$$S_t = S_i + S_c + S_s, \quad S_c = \{\{C_c/(1+e)\}H\log\{(P+\Delta P)/P\}\}$$

여기서, H : 연약층 두께

① 흐름

점성토 ──하중 재하──▶ 즉시 침하 ──시간 의존적 간극수 배출──▶ 1차 압밀 ──시간 의존적 입자 재배열──▶ 2차 압밀

② 차이점

구분	1차 압밀	2차 압밀
발생 기간	하중 작용~과잉 간극 수압 소산	과잉 간극 수압 소산 후
원인	간극수 배출	입자 재배열, Creep 변형
침하 시간	단기(짧고 굵다)	장기(길고 가늘다)
침하량	많음	적음

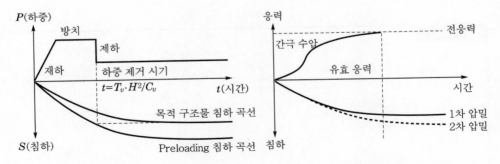

▶▶ 침하 시간 관련 그래프(Preloading)   ▶▶ 침하량 관련 그래프(2차 압밀)

3 대책 - 분류, 특성

(1) 분류 - 하지지 지치고탈다

1) **하중 조절** ┌ 균형 - 압성토

   (전단 응력↓) ├ 경감 - EPS

   　　　　　　└ 분산 - Sand Mat

2) **지반 개량** ┌ 지수 - 약액/분사 주입 ┐

   (전단 강도↑) ├ 치환 - 굴착/강제 치환 ├ 안정화 공법

   　　　　　　├ 고결 - 물질 주입 ○/× ┘

   　　　　　　├ 탈수 - VD/Preloading ┐

   　　　　　　└ 다짐 - VF, VC(SCP)　 ┘ 고밀도화 공법

3) **지중 구조물** - 깊은 기초

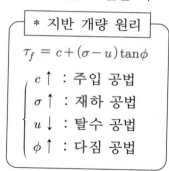

* 지반 개량 원리

$$\tau_f = c + (\sigma - u)\tan\phi$$

$c\uparrow$: 주입 공법

$\sigma\uparrow$: 재하 공법

$u\downarrow$: 탈수 공법

$\phi\uparrow$: 다짐 공법

Key note

(2) 특성

1) EPS 공법

① 분류 – 형내 발포법, 압출 발포법

② 원리 – 발포 폴리스티렌 성토 → 자중 경감 → $\tau\downarrow$ → $F_s\uparrow(=\tau_f/\tau)$

③ 순서 – 배수공 → 쇄석, 모래 부설 → EPS 부설 → 보호 Sheet → Con'c Slab → 복토

④ 장점 – 하중 경감, 침하 감소, 공기 단축

⑤ 단점 ┬ 변형 – Con'c Slab
　　　　├ 내화 – 보호 Sheet
　　　　└ 부력 – 배수공

⑥ 적용 ┬ 성토 – 연약 지반 – 하중↓
　　　　├ 옹벽 – 뒷채움 – 토압↓
　　　　└ 터널 – 낙반 뒷채움 – 영서영등포 전력구현장(TBM)

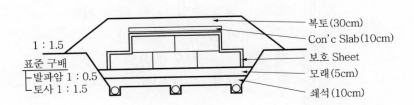

```
                                    ┌─ 복토(30cm)
                                    ├─ Con'c Slab(10cm)
    1 : 1.5                         ├─ 보호 Sheet
  표준 구배                          ├─ 모래(5cm)
  ┬발파암 1 : 0.5                    └─ 쇄석(10cm)
  └토사 1 : 1.5
```

＊ 여굴 처리 ┬ 대규모 – 경량 Con'c 채움
　　　　　　├ 국부적 – 모르타르 주입
　　　　　　└ 광범위 – S/C+L/C

2) 약액 주입 공법

① 약액

㉮ 요구 - 강도 증진 및 유지, 고결 시간 조절 기능, 침투 능력

㉯ 분류 ┌ 현탁액 - Asphalt, Bentonite, Cement
         └ 용액형 - 물유리(LW), 고분자계(공해, 수질 오염 문제 → 양면성)

② 주입

㉮ 방식 ┌ 1.0Shot : Gel Time 20분
         ├ 1.5Shot : Gel Time 2~10분
         └ 2.0Shot : Gel Time 즉시

㉯ 방법 ┌ 약액 주입 ┌ 침투 주입 - 사질토
         │   └ 할렬 주입 - 점성토
         └ 분사 주입 ┌ 교반 주입 - JSP, CCP
                     └ 치환 주입 - RJP, CJP

┌─────────────────────────────┐
│ * 사례 - 7호선 JSP 인접 건물   │
│   지하층 침투   │
│ * 교훈 - 주입량, 주입압 관리   │
└─────────────────────────────┘

③ 공법

㉮ 원리 ┌ 사질토 - 침투 주입 → 물, 공기 약액 치환 → $c \uparrow$ → $\tau_f \uparrow$
         └ 점성토 - 할렬 주입 → 물 약액 치환 → $c \nearrow$ → $\tau_f \nearrow$(약간 증가)

㉯ 문제 ┌ 내구 수명이 짧다 - 0.5~2년
         ├ 공해 유발 - 수질/토양 오염
         └ 불확실 - 개량 범위/효과

* LW 공법

┌─────────┐   ┌────────┐
│ Alkali │ + │ Silica │ + 물 → 팽창 ┌ 지반 - 팽창 → 다짐, 개량 → 긍정적
└─────────┘   └────────┘   └ Con'c - 팽창 → 균열 → 부정적
  시멘트   골재   │
                          └→ Leaching(용탈) - Silica 성분 빠져나가는 현상

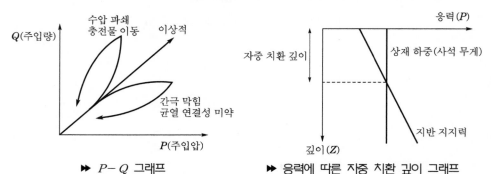

▶ $P-Q$ 그래프   ▶ 응력에 따른 자중 치환 깊이 그래프

3) **치환 공법**

① 분류 ┌ 굴착 치환 – 부분, 전면 굴착
        └ 강제 치환 – SCP, 동치환, 자중, 폭파 치환

② 원리 – 연약 지반 양질의 토사로 대체

③ 순서 – 동치환 – 쇄석 부설 → 중추 낙하 → 지반 관입 → 기둥 형성

④ 장점 – 개량 효과 확실

⑤ 단점 – 동치환 ┌ 내적 ┌ 응력 – 액상화(사질토), 사석 $\phi\downarrow$(점토 혼입 5~10℃↓)
                │   └ 변형 – 바닥 굴곡 → 부등 침하(저면 중량차), 잔류 침하
                └ 외적 ┌ 토취 – 수급 문제(쇄석)
                       └ 사토 – 처리 문제(배토)

⑥ 적용 – 모든 연약 지반

4) **고결 공법**

① 고결 물질 주입 ○

  ㉮ 충전 – 약액 주입 공법

  ㉯ 혼합 – 생석회 말뚝, 심층 혼합 처리 공법(DCM)

② 고결 물질 주입 ×

  ㉮ 소결 – Boring 후 가열(300℃↑) – 공비, 효과 문제

  ㉯ 동결 – 지중 수분 동결(자연 함수비 10%↑) – 가설 공법, 동결/융해/열화 문제

원리 : $CaO+H_2O \rightarrow Ca(OH)_2+125cal/g$
              ②   ③   ①

원리 : Arching Effect → 침하 최소화

▶ 생석회 말뚝 공법 화학적 효과
  – 수화 반응

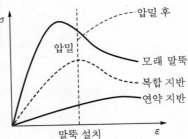

▶ 생석회 말뚝 공법 물리적 효과
  – 복합 지반

5) Vertical Drain 공법

① 분류

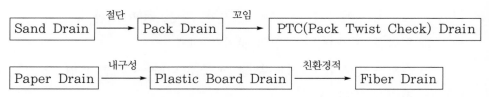

② 원리 – Terzaghi 압밀 이론 – 압밀 시간 $t = T_v \cdot H^2 / C_v$

(여기서, T_v : 시간 계수, C_v : 압밀 계수, H : 배수 거리)

③ 순서 – 장비 거치 → Casing, Drain재 동시 관입 → Casing 인발 → 두부 정리

④ 장점 – 압밀 효과 ┌ 강도 – 간극 수압↓→ 유효 응력↑ → 전단 강도↑
          └ 변형 – 간극비↓ → 압축성↓

⑤ 단점

㉮ 배수 효과 저하

┌ ⓐ Stress 집중 – 재료의 강성 차이
│ ⓑ Smear Zone Effect – 시공 시 주변 지반 교란
│ ⓒ Well Resistance – 압밀, 이물질 흡입
└ ⓓ Mat Resistance – 압축, 이물질 흡입

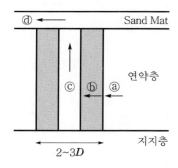

㉯ 장심도 문제 ┌ 측압 영향 – 통수 면적 감소
           └ 압밀 영향 – Drain재 파열

⑥ 적용 – 점성토, 유기질토

6) 재하 공법

① 분류 – 성수대지

    ㉮ 성토 재하 공법(Preloading 공법) – $\sigma \uparrow$

    ㉯ 수재하 공법 – $\sigma \uparrow$

    ㉰ 대기압(진공 압밀 공법) – $u \downarrow$

    ㉱ 지하수 저하 공법 – $u \downarrow$, $\sigma \uparrow (\gamma_{sub}(1.0\text{t/m}^3) \rightarrow \gamma_t(1.8\text{t/m}^3))$

② 원리 – Terzaghi 압밀 이론 – 압밀 시간 $t = T_v \cdot H^2 / C_v$

                        (여기서, T_v : 시간 계수, C_v : 압밀 계수, H : 배수 거리)

③ 순서 – 하중 재하 → 방치 → 효과 판정 → 제하

    Trafficability가 중요 → Sand Mat(주행성+배수)

④ 장점

    ㉮ 압밀 효과 ┌ 강도 – 간극 수압↓→ 유효 응력↑ → 전단 강도↑

                     └ 변형 – 간극비↓ → 압축성↓

⑤ 단점 – 장기간 소요, 성토 재료 확보 및 처리 문제

⑥ 적용

    ㉮ 보통 연약 지반 – 성토 재하 공법

    ㉯ 초연약 지반 – 진공 압밀 공법

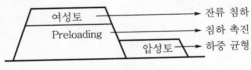

▶ Preloading 공법 모식도

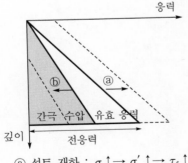

      ⓐ 성토 재하 : $\sigma \uparrow \rightarrow \sigma' \uparrow \rightarrow \tau_f \uparrow$

      ⓑ 진공 압밀 : $u \downarrow \rightarrow \sigma' \uparrow \rightarrow \tau_f \uparrow$

▶ 성토 재하 – 진공 압밀 원리 비교 그래프

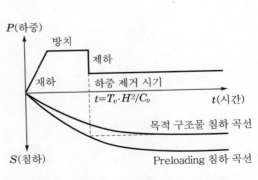

▶ 침하 시간 관련 그래프(Preloading)

7) 물처리 공법

① 분류

㉮ 지표수 ┌ 배수 – Open Channel
          └ 복수 – Recharge

          * 복수 공법

            • 목적 : 배수로 인한 우물 고갈 및 지반 침하 방지

            • 단점 : 수압(막이), 수두차(Boiling)

㉯ 지하수 ┌ 다량 – 배수 – 중력식(Deep Well), 강제식(Well Point)
          └ 소량 – 차수 – 물리적(지하 연속벽), 화학적(약액 주입)

㉰ 사용수 – 수질 처리 ┌ 배수 – Open Channel
                      └ 이수 – 재사용

② 양면성

㉮ 긍적적 – 강도 증진 – $u \downarrow \rightarrow \sigma' \uparrow \rightarrow \tau_f \uparrow$

㉯ 부정적 – 침하 문제 ┌ 인적 – 민원, 우물 고갈
                    └ 물적 – 흙 무게 증가($\gamma_{sub}(1.0t/m^3) \rightarrow \gamma_t(1.8t/m^3)$)

Key note

8) 진동 다짐 공법

① 분류

㉮ 수평 진동 – Vibro Floatation – 사수+진동 → 사질토(다짐)

㉯ 수직 진동 – Vibro Composer – 모래 말뚝 조성 → 사질토(다짐), 점성토(치환)

② SCP(Sand Compaction Pile) → SCP의 대표 공법 = Vibro Composer

㉮ 분류 ┌ 저치환 SCP – 육상 점토(치환율 20~40%)
　　　　└ 고치환 SCP – 해상 점토(치환율 60~80%)

㉯ 차이

구분	SCP	Sand Drain
목적	다짐, 치환	압밀
적용	모든 지반	점성토
치환	20~80%	20%
기타	재하 ×	재하 ○

㉰ 원리 ┌ 사질토 – 다짐
　　　　└ 점성토 – 치환

㉱ 순서 – 장비 거치 → Pipe 삽입 → 모래 압입 → 인발, 관입 반복 → 모래 말뚝 조성

㉲ 장점 ┌ 사질토 – 액상화 방지
　　　　└ 점성토 – 침하 방지

㉳ 단점 – 소음/진동, 표층(1~2m) 구속력 미소, SCP 파괴(Shear, Bulging, Punching)

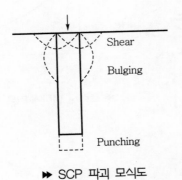

▶▶ SCP 파괴 모식도

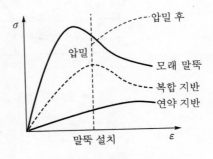

▶▶ 복합 지반 효과 그래프

9) 동다짐 공법(＝동압밀, 중추 낙하 공법)

→ 다짐 공법(개선) ≠ 동치환 공법(＝쇄석 치환) → 치환 공법(교체)

① 원리

㉮ 사질토 지반 ┌ P파 – 물에 작용 – $u\uparrow \rightarrow \sigma'\downarrow \rightarrow \tau_f\downarrow$ → 액상화
　　　　　　　└ S파 – 흙에 작용 – 입자 재배열 → $\tau_f\uparrow$

㉯ 점성토 지반 – 방사 균열 → 간극수 배출 → $u\downarrow \rightarrow \sigma'\uparrow \rightarrow \tau_f\uparrow$

＊ 지진파 ┌ P파 – 종파, 피해 小
　　　　　├ S파 – 횡파, 피해 中
　　　　　└ L파 – 표면파, 피해 大

② 장점 – 효과 확실(광범위/대심도)

③ 단점 – 소음/진동, 액상화, 장비 전도, 포화 점토 효과 저하

＊ 진동이 Con'c에 미치는 영향

┌ 양생 – 초기(긍정적, 진동 다짐), 후기(부정적, 초기 균열)
├ 제어 – 발생원(미/무진동), 매질(트렌치, 방음벽), 수진자(이동)
└ 기준 – 소음(주간 60dB↓), 진동(가문조아 0.1~0.4)

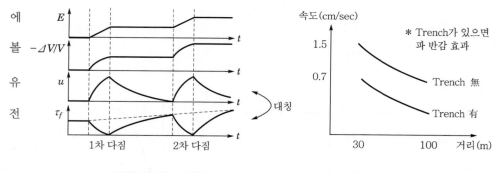

➡ 동다짐 거동 그래프　　　　　➡ 트렌치 설치에 따른 진동 특성 그래프

10) 토목 합성 물질

① 기능 – 분리, 필터, 보강, 배수

② 분류 – Geo ┌ textile – 투수성 – 배수 필터
           ├ membranes – 방수성 – 쓰레기 매립장
           ├ grid – 보강성 – 보강토용
           └ composites – 2개 이상 토목 섬유 결합

③ 요구 조건 – 강도, 내구성, 시공성, 경제성+내화학성, 신율

④ 주의 사항 ┌ 선정 – 용도에 적합한 재료, 품질 인증된 재료
           ├ 보관 – 직사광선으로부터 보호
           └ 사용 – 파열 및 접합(접착제, 재봉기, 열, 초음파)

Key note

4 시공 관리 – 계품안환, 한계 성토고

(1) 계측

1) 목적

① 안정 – 측방 유동(안정도 판정 → 성토 두께 및 속도 조절)

② 침하 – 시공 관리(압밀도 추정 → 성토 제거 시기 판정)

2) 항목

① 안정 – 수평 계측 항목 – 지중 경사계, 수평 변위 말뚝, 신축계

② 침하 – 수직 계측 항목 – 침하판, 토압계, 층별 침하계, 간극 수압계, 지하수위계

3) 분석   * 호시노가 아싸노래방에서 쌍곡선을 부르다가 마구 토했다.

① 안정 – 통계적 신뢰성 ┌ 정성적 지표 – 수렴, 발산

└ 정량적 지표 – Matsuo, Kurihara, Tominaga법

② 침하 – 응력/변형 해석 – Hoshino, Asaoka, 쌍곡선법

(2) 한계 성토고

성토 시 안정을 유지할 수 있는 최고 높이, 초과 시 전단 파괴 발생

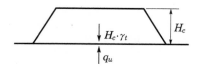

$F_s = q_u / (\gamma_t \cdot H_c)$

$H_c = q_u / (\gamma_t \cdot F_s)$

여기서, $q_u = 5.5C$, $F_s = 1.1 \sim 1.3$

$\therefore \boxed{H_c = 5C/\gamma_t}$

7

옹벽
(옹벽 = 분류/특성 + 토압 + 안정 조건 + 시공 관리)

(1) 분류

1) 무근 Con'c 옹벽 – 중력식, 반중력식
2) 철근 Con'c 옹벽 – 부벽식, Cantilever식
3) 특수 옹벽 – 보강토 옹벽, Gabion 옹벽

(2) 특성 – 보강토 공법

1) 분류

① 자연 – 원지반 보강 – Soil Nailing
② 인공 ┌ 성토체 보강 – 성토 본체, 기초
　　　　 └ 벽식 보강공 – 보강토 옹벽

2) 원리

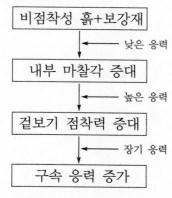

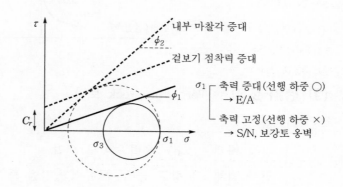

3) 문제점

① 벽체 – 동해 → 횡방향 응력↑ → 수직도↓
② 보강재 – 금속재(부식) → 합성섬유(Creep) → 복합 재료
③ 뒷채움 – 배수 문제, 재료 구득 곤란

2 토압 – 이론, 경험 토압

(1) 이론 토압 – Rankine, Coulomb 토압

1) 주동 토압

① $P_a = (1/2)\gamma \cdot H^2 \cdot k_a - 2c\sqrt{k_a \cdot H}$

② $k_a = (1-\sin\phi)/(1+\sin\phi)$

2) 수동 토압

① $P_p = (1/2)\gamma \cdot H^2 \cdot k_p - 2c\sqrt{k_p \cdot H}$

② $k_p = (1+\sin\phi)/(1-\sin\phi)$

3) 정지 토압

① $P_o = (1/2)\gamma \cdot H^2 \cdot k_o$

② $k_o = 1-\sin\phi$

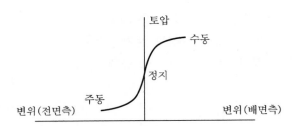

(2) 경험 토압 – Terzaghi, Peck 토압

* 적용 토압

$\quad$┌ 강성 벽체 – Con'c 옹벽 – 이론 토압

$\quad$├ 연성 벽체 – 보강토 옹벽, 토류벽 – 경험 토압

$\quad$└ 지중 구조 – 지하 Box – 정지 토압

3   안정 조건 – 안정 조건+불안정 시 대책+설계 Flow

(1) 안정 조건 – 내적, 외적

    1) 내적 – Con'c – 균열, 열화, 배근

    2) 외적 ┌ 전도, 지지력, 활동(평면, 원호)
            └ 기타 – 지반 누수, 세굴, Piping 주철근

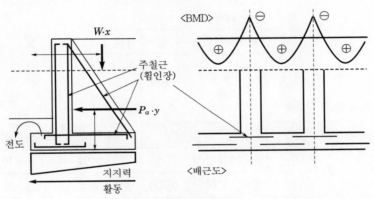

▶ 옹벽의 배근 모식도

(2) 불안정 시 대책 – 전지활

    1) 전도(F_s)

       ① 저항 모멘트↑ → x↑ → 저판 확대

       ② 활동 모멘트↓ → P_a↓ → 조립토, 경량성토

    2) 지지력 – 지반 개량 – 지치고탈다

    3) 활동

       ① 마찰 – 저판 확대

       ② 저항 – Shear Key, 사항 설치

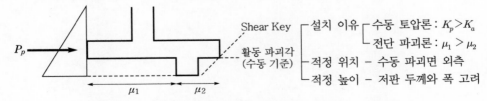

▶ Shear Key 설치 이유(수동 토압론+전단 파괴론) 및 적정 위치, 높이

(3) 설계 Flow - 가정, 계산, 검토, 결정

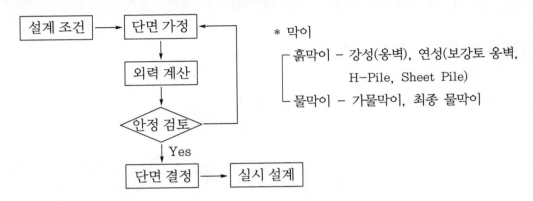

* 막이

┌ 흙막이 – 강성(옹벽), 연성(보강토 옹벽,
│   H-Pile, Sheet Pile)
└ 물막이 – 가물막이, 최종 물막이

▶▶ 옹벽 유형 구조물

좌측	우측	유형	문제점
×	흙	흙막이(강성, 연성)	토압, 수압 → 배수 문제
×	물	물막이(하천, 해양), 댐	수압, 수두차 → Piping
물	흙	접안 시설(안벽)	소요 수심, 잔류 수압
물	물	외곽 시설(방파제)	소파공, 정온도

Key note

4. 시공 관리 – 배수, 뒷채움, 줄눈, 기초

(1) 배수 – 배뒷줄기 구공층관

1) 뒷채움 재료별 배수 방법 – 구공층관

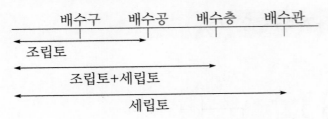

(2) 뒷채움

1) 토압 – 토압 적은 재료 → P_a 적은 재료 → 내부 마찰각(ϕ) 큰 재료 → 조립토

2) 수압 – 수압 적은 재료 → 배수성 큰 재료 → 투수 계수(k) 큰 재료 → 조립토

(3) 줄눈

1) 줄눈 – 기능성(신축, 수축), 비기능성(시공 이음)

2) 지수판 – 수밀성 확보

(4) 기초 지반 – 연약 지반 대책 – 하지지

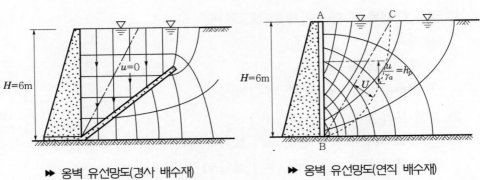

▶ 옹벽 유선망도(경사 배수재)
– 침투압 없지만 시공 난이

▶ 옹벽 유선망도(연직 배수재)

8

흙막이
(흙막이 = 기본 + 분류 + 특성)

1 기본 – 문제점+계측+중요 Item

(1) 문제 – 벽지바주지

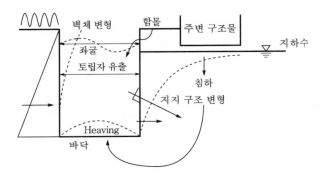

▶▶ 벽지바주지 문제점 모식도

(2) 계측

1) 내적 – 변형률계, 토압계, E/A 축력계, R/B 축력계

2) 외적 – 지중 수평 변위계, 지하 수위계, 침하측점, 경사계, 균열계

(3) 중요 Item – 필수 대제목, 발생 문제점

1) 필수 대제목 – 계공지 응풍지 토진배

① 계측

② 공해(대소폐수)

③ 지하수위 변동(긍정적, 부정적)

2) 발생 문제점

① 응력 해방 – 지반 변위   ┌ 토처리(굴착)

② 풍화 진행   + ┤ 진입로(장비)

③ 지하수위 변동   └ 배수 처리(우수)

2 분류 - 지지 구조, 벽체 구조, 보조 공법

(1) 지지 구조

1) **자립식**

2) **버팀대식** - 수평(Strut), 경사(Raker)

3) **Tie Rod** - 변위 ○(S/N), 변위 ×(E/A)

(2) 벽체 구조

1) 개수성 - H-Pile+토류벽(= 엄지 말뚝+널 말뚝)

2) 차수성

① Sheet Pile

벽식 - 현타, 기성(Prefabricated Wall)

② Slurry Wall

주열식 ┌ Soil Cement Wall - SCW, JSP, DSM
　　　　├ Concrete Wall - CIP, PIP, MIP
　　　　└ Steel Pipe Wall

(3) 보조 공법

1) 지반 보강

생석회 말뚝, 약액 주입, 동결

2) 물처리

① 지표수 - 배수(Open Chanel), 복수(Recharge)

② 지하수 ┌ 다량 - 배수 - 중력식(Deep Well), 강제식(Well Point)
　　　　　└ 소량 - 차수 - 물리적(지중 연속), 화학적(약액 주입)

③ 공사 사용수 - 수질 처리 - 이수(재사용), 배수(Open Chanel)

3 특성 – E/A, Slurry Wall(지하 연속벽)

(1) E/A – 분류, 차이점, 설계, 시공

1) 분류

① 지지 – 마찰, 지압

② 기간 – 가설, 영구

③ 천공 – 공압, 수압

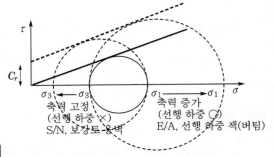

▶▶ E/A, S/N 원리 모식도

2) 차이

구분	E/A	S/N
하중	Prestress ○	Prestress ×
변위	미허용	허용
영향	×	○
특수	제거식 E/A	가압식 S/N

3) 설계

설계자 흙막이 지지 구조 E/A 기피(사유 : E/A 파괴 징후 관찰 난이, 파괴 시 연쇄적 급속 파괴)

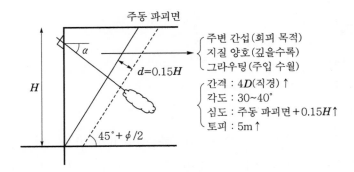

▶▶ E/A 설치 모식도

4) 시공

① 흐름

대규모 터파기 → 가시설 버팀 길이 증대 → 좌굴 문제 → E/A 공법 적용 →
E/A 안정성 문제

② 문제

E/A 안정성 문제

┌ 축력 증가 – 토압, 수압 증가
└ 축력 감소 – PS 손실 ┌ 두부 – 활동
                      ├ 자유장 – 쉬스 마찰, Relaxation
                      └ 정착장 – Leaching(지하수)

③ 대책

㉮ 계측 관리

┌ 내적 – 하중계(E/A), R/B 축력계, 변형률계(띠장), 토압계
└ 외적 – 지중 수평 변위계, 지하 수위계, 지표 침하계, 경사계, 균열계

㉯ 안전 관리

┌ 관찰 – 육안 관찰 – 벽체(누수, 변형), 배면(침하) 등
└ 조치 ┌ 하중↓ – 배면 컨테이너, 강재 야적 등 제거
        └ 강도↑ – 지지 구조 보강

Key note

(2) Slurry Wall - 시공 순서에 따른 시공 관리

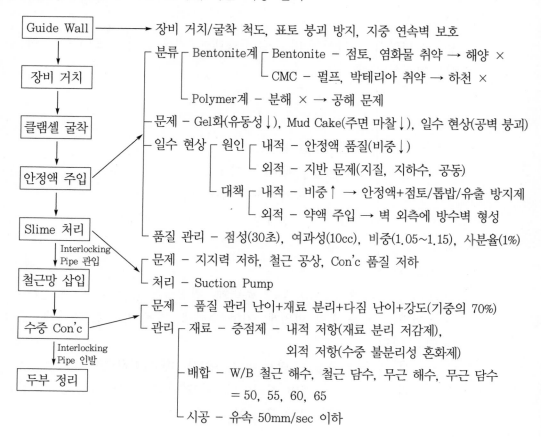

```
Guide Wall ──────────→ 장비 거치/굴착 척도, 표토 붕괴 방지, 지중 연속벽 보호
    │
    ↓                        ┌ 분류 ┬ Bentonite계 ┬ Bentonite - 점토, 염화물 취약 → 해양 ×
  장비 거치                   │      │             └ CMC - 펄프, 박테리아 취약 → 하천 ×
    │                        │      └ Polymer계 - 분해 × → 공해 문제
    ↓                        ├ 문제 - Gel화(유동성↓), Mud Cake(주면 마찰↓), 일수 현상(공벽 붕괴)
 클램셸 굴착                  ├ 일수 현상 ┬ 원인 ┬ 내적 - 안정액 품질(비중↓)
    │                        │          │      └ 외적 - 지반 문제(지질, 지하수, 공동)
    ↓                        │          └ 대책 ┬ 내적 - 비중↑ → 안정액+점토/톱밥/유출 방지제
  안정액 주입                │                 └ 외적 - 약액 주입 → 벽 외측에 방수벽 형성
    │                        └ 품질 관리 - 점성(30초), 여과성(10cc), 비중(1.05~1.15), 사분율(1%)
    ↓
  Slime 처리                 ┌ 문제 - 지지력 저하, 철근 공상, Con'c 품질 저하
    │ Interlocking           └ 처리 - Suction Pump
    │ Pipe 관입
 철근망 삽입                 ┌ 문제 - 품질 관리 난이+재료 분리+다짐 난이+강도(기중의 70%)
    │                        ├ 관리 ┬ 재료 - 증점제 - 내적 저항(재료 분리 저감제),
    ↓                        │      │                  외적 저항(수중 불분리성 혼화제)
  수중 Con'c                 │      ├ 배합 - W/B 철근 해수, 철근 담수, 무근 해수, 무근 담수
    │ Interlocking           │      │        = 50, 55, 60, 65
    │ Pipe 인발              │      └ 시공 - 유속 50mm/sec 이하
  두부 정리
```

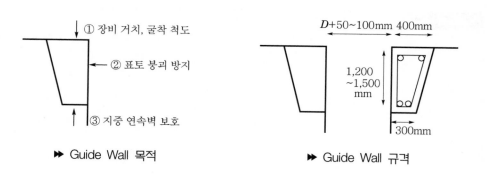

▶▶ Guide Wall 목적

▶▶ Guide Wall 규격

① 장비 거치, 굴착 척도
② 표토 붕괴 방지
③ 지중 연속벽 보호

$D+50~100mm$ 400mm

1,200 ~1,500 mm

300mm

물막이
(물막이 = 사석 안정 중량 + 가물막이 + 최종 물막이)

 **1 사석 안정 중량**

(1) 정밀법

모형 실험 – 수치적, 수리적

(2) 간이법

① 세굴 – 물막이, 제방 – Isbash 공식

② 파 ┌ 방파제 – Hudson 공식
　　　└ 댐 – Stevenson 공식

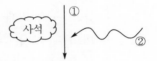

 2 가물막이 공법 – 분류, 특성

(1) 분류

1) 경사 지역

댐 – 전 체절, 부분 체절, 단계 체절

2) 평탄 지역

항만 – 자립식, 버팀대식, 특수식　　　＊ 흙막이(자버tie), 물막이(자버특)

(2) 특성

1) 특수식 – 서해대교(원형 셀식), 영종대교(강각 케이슨식), 시화조력(원형 셀식)

① 서해대교(원형 셀식)

㉮ 개요 – 원형 셀(모래 채움)+아크 셀(모래 채움) → Dry Work

ⓝ 관리

┌ 수압 – 지중 수평 변위계(물막이 수평 변형), 변형률계(원형 셀과 아크
│   셀 연결부 응력 집중)
└ 수두차 – 간극 수압계(Piping 안정성)

② 영종대교(강각 케이슨식)

㉮ 개요

┌ 일반 – 강관 Sheet Pile공 = 외주(강관 Sheet Pile)+사이(Pack Grouting)
└ 특수 – 강각 케이슨식 = 내부(가물막이 Frame)+외주(Skin Plate)+
        바닥(수중 Con'c 차수)

ⓝ 관리 – 평탄성, 수중 Con'c 관리, 지지력 확보

③ 시화조력

┌ 현장 –시화호 조력 발전소 건설 공사
├ 규모 – 방조제 길이 12.6km, 발전 규모 254MW
└ 의의 – 과거 수질 오염 사례 → 세계 최대 국내 최초 조력 발전소
        → 청정 에너지 개발

㉮ 계측 항목

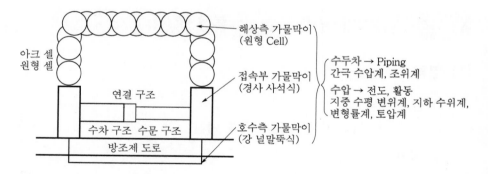

ⓝ 계측 분석

┌ 절대치 분석 – Simulation을 통한 예상 최대치 → 관리 한계치 설정
│   및 계측 관리
└ 추세 분석 – 1년 존치 거동 계측 → 역해석 → 관리 한계치 설정 및
        계측 관리

3 최종 물막이 공법 – 분류, 검토, 사례

(1) 분류

1) **완속** – 점고식, 점축식, 혼합식

2) **급속** – Caisson식, 폐선식(VLCC)

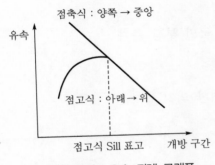

▶ 개방 구간 – 유속 관계 그래프

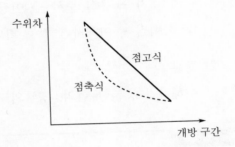

▶ 개방 구간 – 수위차 관계 그래프

(2) 검토 – 유속 시위축구

1) **유속** – 5m/sec 이하 원칙　; 시화호(7.5m/sec), 새만금(7m/sec)

2) **시기** – 조금 시기(음력 2월) ; 영산강 3/6, 삽교천 3/27

3) **위치** – 세굴 저항 큰 곳　 ; 암반 노출부 or 암반선 얕은 곳

4) **축조 재료 사석 안정 중량**　; 정밀법(모형 실험), 간이법(체절 중 Isbash, 체절 후 Hudson 공식)

5) **구간** – 매립 면적의 20~30%를 길이로 환산

(3) 사례

새만금 방조제 최종 체절 중단에 따른 문제점 및 교훈(1991~2010)

1) 문제

① 기술적

㉮ 1차 – 체절 지연 → 내외 수위차 → 유속 증가 → 제방 유실 → 추가 비용 발생(복구)

㉯ 2차 – 유실 토사 → 어장 피해

② 사회적 – 이해자간 갈등 확대, 국민 부담 증가

2) 교훈

이해자간 충분한 협의, 정부의 강력한 의지

Key note

10 기초
(기초 = 기본, 분류, 특성)

1 기본 – 요구 조건, 미치는 영향

(1) 기초의 요구 조건 – 내시경근입

1) **지내력** = 지지력+침하

2) **시공성** = 현타+기성

3) **경제성** = 공기+공비

4) **근입심** = 세굴+동상

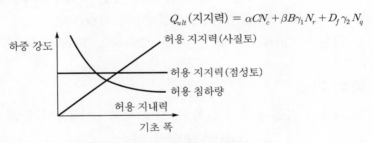

▶ 기초 폭에 따른 지지력과 침하 그래프

* 허용 지내력 = 허용 지지력+허용 침하량

(2) 말뚝이 지반에 미치는 영향

1) **사질 지반**

   다짐 → 상대 밀도↑, 침하↓

2) **점성 지반**

   교란 → 예민성/Thixotropy, Heaving

3) **연약 지반**

   침하 → 부마찰력

2 분류 – 얕은, 깊은, 특수

(1) 얕은 기초

Footing(확대), Mat(전면)   * $D/B = 1 \updownarrow$

(2) 깊은 기초

1) 탄성 – 말뚝 기초

　① 현타

　　㉮ 굴착 ┌ 인력 – 심초 공법 → 심초 기초 공법(기계 현타)

　　　　　　└ 기계 – Benoto(All Casing), Earth Drill, RCD

　　㉯ 치환 – CIP, PIP, MIP

　② 기성

　　㉮ 시공 ┌ 타입 – 타격, 진동

　　　　　　└ 매입 – 굴착(선굴착, 중공 굴착), 사수, 압입

　　㉯ 기능 – 개단/폐단, 마찰/지지, 단항/군항

2) 강성 – Caisson 기초 – Open Caisson, Pneumatic Caisson, Box Caisson

(3) 특수 기초

1) Jacket 기초 = 강관 설치 → 말뚝 타입 → 채움재 주입 → 일체화 구조 형성 →
　　　　잔교(항만) 등에 이용

2) Suction Pile = 주사기 원리 – Suction(설치), 주수(회수) → 해상 파일 등에 적용

3) Pile Raft(뗏목) = Pile(말뚝 기초)+Raft(전면 기초) → 침하 억제+하중 분산

4) 보상 기초 = 구조물 하중 만큼 지반 굴착($\gamma_t \cdot D$) → 구조물 설치 시 하중 증가 ×
　　　　→ 지지력, 침하 문제 해결

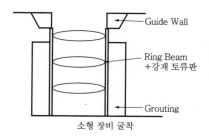

➤ 심초 기초 공법(대구경 현타)

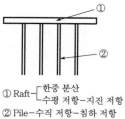

➤ Pile Raft 모식도

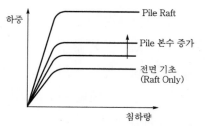

➤ Pile Raft 하중 – 침하 그래프

3 특성 – 얕은 기초, 현타 말뚝, 기성 말뚝, 케이슨 기초

(1) 얕은 기초 – 차이점, 전단 파괴, 부력 대책

1) 차이점

구분	얕은	깊은
정의	$D/B \leq 1,\ 4$	$D/B > 1,\ 4$
분류	Footing, Mat	탄성, 강성
하중	직접 전달	매개 전달
지반	양호	불량

2) 전단 파괴

   ① 기초 폭 좁은 – 지반 불량 – 관입 전단 파괴

   ② 기초 폭 넓은 ┌ 지반 불량 – 국부 전단 파괴
                └ 지반 양호 – 전반 전단 파괴

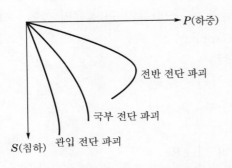
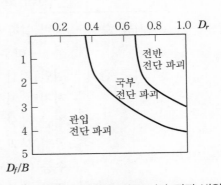

  ▶ 전단 파괴 형태별 하중 – 침하 그래프   ▶ 상대 밀도와 D/B에 따른 전단 파괴 범위

3) 부력 대책

   ① 부력 허용 ○ – 사하중 저항 – 자중↑, 부력 Anchor

   ② 부력 허용 × – 양압력 배제 ┌ 차수 – Sheet Pile, Slurry Wall
                      └ 배수 – 영구 배수

(2) 현타 말뚝 – 분류, 차이점, 특성

1) 분류

① 굴착(대구경)

㉮ 인력 – 심초 공법 → 심초 기초 공법(기계 현타)로 발전, 용수 발생, 지반
변형, 산소 결핍 문제

㉯ 기계 – Benoto(All Casing), Earth Drill, RCD

② 치환(소구경) – CIP, PIP, MIP

③ 관입 – Pedestal, Simplex, Franky

2) 차이점

① 굴착(대구경 현타)

구분	All Casing	Earth Drill	RCD
굴착 장비	Hammer Grab	회전 Bucket	회전 Bit
굴착 형식	Percussion Type	Bucket Type	Rotary Type
공벽 유지	All Casing	Casing+안정액	Casing+정수압
문제($\downarrow\uparrow$)	Casing 수직도, 철근 공상	일수 현상, Slime 문제	수위 저하, 피압 문제
대책($\downarrow\uparrow$)	수직도 관리, 재료 분리 저항제	안정액 비중, Suction Pump	수위 관리, 지질 조사

㉮ 시공 순서 – 장비 설치 → 굴착 → 공벽 유지 → 철근망 삽입 → Con'c 타
설 → 마무리(Capping)

㉯ 시공 관리

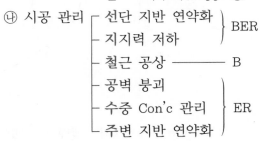

- 선단 지반 연약화 ┐
- 지지력 저하 ┘ BER
- 철근 공상 ─── B
- 공벽 붕괴 ┐
- 수중 Con'c 관리 ┤ ER
- 주변 지반 연약화 ┘

② 치환(소구경 현타) = Prepacked Aggregate Con'c Pile = Prepacked Mortar Pile

㉮ 시공 순서 – 오철모!!

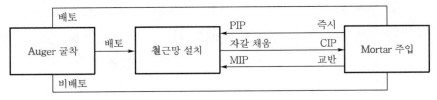

3) 특성

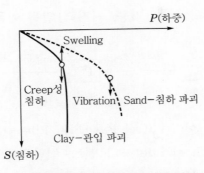

▶▶ 축하중하에서 현타 말뚝 설계 개념

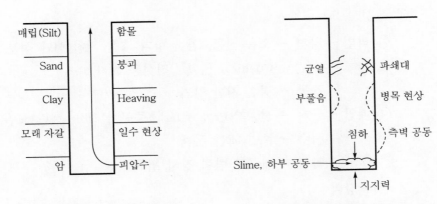

▶▶ 현타 말뚝 외적 문제 – 지반   ▶▶ 현타 말뚝 내적 문제 – 말뚝

(3) 기성 말뚝 – 재료, 시공, 기능, 지지력+말뚝 이음, 파손, 부마찰력

1) 재료 – 발전 흐름

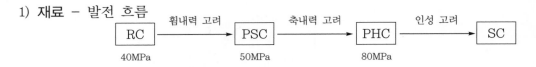

* Hybrid Pile = Steel Pile+PHC Pile → 연결부 응력 집중 문제

    ┌ 상부(Steel Pile) – 모멘트, 전단력에 저항
    └ 하부(PHC Pile) – 축하중에 저항

2) 시공

① 특성

  ㉮ 타입 ┌ 타격 – 소음/진동, 암반 항타 효율 저하(선단 석분 발생 →
                 Cushion 역할), 전석층 불가
          └ 진동 – 경질 지반 불가

  ㉯ 매입 ┌ 굴착 – 선굴착(Preboring), 중공 굴착 – 선단 교란 문제
          ├ 사수 – 주변 교란 문제
          └ 압입 – 대규모 반력 장치 필요

② 항타 장비

  ㉮ Hammer – Drop(Winch) → Steam(증기) → Disel(폭발력) → Hydro(유압)
  ㉯ Leader 길이 = (말뚝 길이+Hammer 길이)×1.2
  ㉰ 부속 장치

    ┌ Cap – 내경 과다(편타 유발), 과소(탈착 난이) → 파일 외경+15mm
    └ Cushion – 두께 과다(리바운드 과다 → 효율 저하), 과소(응력 집중
                   → 두부 파손)

③ 항타 해석

  ㉮ 지지력 예측(GRLWEAP 방식, 파동 방정식 이용)
  * 지지력 측정(CAPWAP 방식, PDA 이용)

구분	내적	외적
Input	Hammer, Cushion, Pile 재질 및 제원	지반 물성치
Output	항타 횟수, 침하량	지반 지지력

3) 기능

① 개단/폐단

㉮ 개념 ┌ 개단 말뚝 – 선단부가 개방 – 강관 Pile, H-Pile
　　　 └ 폐단 말뚝 – 선단부가 폐색 – RC, PSC, PHC

㉯ 판정

┌ 폐색 정도 ┌ 관내토의 증분비 $r = \Delta L / \Delta D$
│　　　　　├ 관내토의 길이비 = L(관내토 길이)$/D$(관입 깊이)
│　　　　　└ 관내토의 지지력비
│
├ 폐색 상태 ┌ 완전 개방 : $r = 100\%$
│　　　　　├ 부분 폐색 : $0 < r < 100\%$
│　　　　　└ 완전 폐색 : $r = 0\%$
│
└ 폐색 효과 ┌ $N > 30$: 지지력 산정 시 선단 지지 면적 전체 설계 반영
　　　　　 └ $N < 30$: 지지력 산정 시 선단 지지 면적 30~60% 설계 반영

㉰ 문제(폐색)

┌ 내적 – 해머(Rebound↑ → 항타 효율↓), 말뚝(항타 저항 → 말뚝 손상)
└ 외적 – 지반(Heaving), 주변(소음/진동)

㉱ 특성

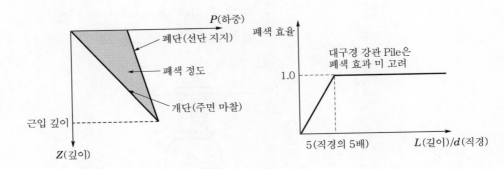

▶ 개단, 폐단 말뚝 하중 – 근입 깊이 그래프　　▶ 폐색 효율 그래프(도로공사 표준 시방서)

② 마찰/지지

  ㉮ 개념 – W(하중) $< Q$(지지력) $= Q_b$(선단)$+Q_f$(주면)

  ㉯ 판정 $\begin{cases} Q_b > Q_f = 지지\ 말뚝 \\ Q_b < Q_f = 마찰\ 말뚝 \end{cases}$

③ 단항/군항

  ㉮ 개념– 간섭 ×(단항), 간섭 ○(군항)

  ㉯ 판정 $\begin{cases} 1개\ –\ 단항 \\ 2개\ 이상\ –\ D<S : 단항,\ D>S : 군항 \end{cases}$

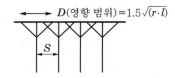

$\longleftrightarrow$ D(영향 범위)$=1.5\sqrt{(r \cdot l)}$

S

  ㉰ 효율 – 군효과 $\eta = Q_{ug}$(군항의 지지력)$/ \Sigma Q_{us}$(단항 지지력의 합)

  ㉱ 검토 – 군효과로 인한 지지력 저하 고려 여부 ← 주면 마찰력에 영향!!

    $\begin{cases} 암지지\ –\ 미고려(선단\ 지지) \\ 사질토\ –\ 미고려(군효과\ 지지력\downarrow,\ 다짐\ 효과\ 지지력\uparrow\ \rightarrow\ 상쇄) \\ 점성토\ –\ 고려(군효과+Scale\ Effect) \end{cases}$

  ㉲ 군항의 Scale Effect $\begin{cases} 문제\ –\ 군항\ 효과로\ 응력\ 범위가\ 깊어짐 \\ 대책\ –\ 지반\ 조사\ \rightarrow\ 설계\ 반영 \\ 해석\ –\ 가상\ Caisson\ 해석 \end{cases}$

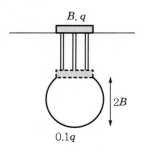

B, q

$2B$

$0.1q$

▶ 군항의 Scale Effect 모식도

4) 말뚝의 지지력 – 분류, 방법, 순서, 문제, Time Effect, Load Transfer

　① 분류

　　㉮ 방향

　　　┌ 수평, 연직(압축/인발)
　　　└ 휨모멘트

　　㉯ 크기

　　　┌ 허용 지지력 = 극한 지지력 ± α ┤ 내적 – 말뚝 재질, 길이, 이음, 군효과
　　　│　　　　　　　　　　　　　　　└ 외적 – 지질, 지하수 영향
　　　├ 극한 지지력
　　　└ 항복 지지력

　② 방법

　　㉮ 기존

　　　┌ Static Approach
　　　│　┌ 정역학적 공식 – Meyerhof, Terzaghi 공식
　　　│　└ 정재하 시험 – 사하중, 반력 말뚝, 반력 앵커
　　　├ Dynamic Approach
　　　│　┌ 동역학적 공식 – Sander, Hiley, Engineering News 공식
　　　│　└ 동재하 시험 – PDA(가속도계, 변형률계→응력 환산→지지력 추정)
　　　└ Statnamic Approach – 정동재하 시험 – 서해대교, 폭발력에 의한 작용
　　　　　　　　　　　　　　　　　　　　　　　　 – 반작용, 대구경 말뚝

　　㉯ 최근 – Osterburg Cell(현타), SPLT(기성)

　　　┌ 배경 – 재하 장치 문제(설계 하중의 최소 2배 이상)
　　　└ 특성 ┬ 재하 장치 불필요(Cell 내 유압 가압)
　　　　　　 ├ 선단 지지, 주면 마찰 분리 측정
　　　　　　 └ 경사 말뚝 적용 가능

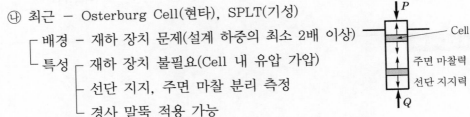

　③ 순서 – 조계시 결실

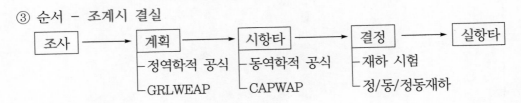

④ 문제

㉮ 동적 설계 - 설계는 동적으로 지지력 산정 → 실제 재하는 정적 하중 →
신뢰성 문제

㉯ 과다 설계 - 설계는 선단 지지력 → 실제는 하중 전이 효과로 마찰 지지
→ 과다 설계

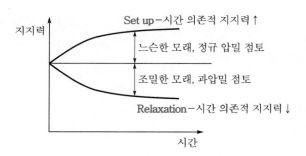

▸▸ Time Effect - 기성 말뚝에만 적용

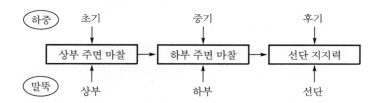

▸▸ Load Transfer - 하중 증가에 따른 지지력의 변화

Key note

5) 말뚝 이음 - 분류, 공법

① 분류 ┌ 용접 × - Band, Bolt, 충전식
　　　　└ 용접 ○ - 용접식 이음 　　* 결함, 국부 손상, 인장 잔류 응력 문제!!

② 공법

　㉮ Con'c ┌ 현타 - 철근 이음 - 재래식, 특수식
　　　　　 └ 기성 ┌ RC - Band, Tendon
　　　　　　　　 └ PSC ┌ 이음 준비 ○ - 용접, 기계
　　　　　　　　　　　 └ 이음 준비 × - 충전식

　㉯ 강말뚝 - 용접(자동, 반자동, 수동)

　㉰ 합성 말뚝 - 용접

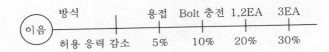

▶ 이음 개소에 따른 허용 응력 감소율

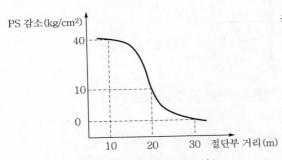
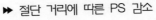

▶ 절단 거리에 따른 PS 감소

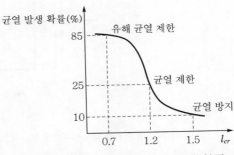

▶ 온도 균열 지수 그래프(균열 발생 확률)

6) 파손

① 내적 - 말뚝 파손

　㉮ Con'c ┌ 현타 - 균열, 파쇄대, 공동
　　　　　 └ 기성 ┌ 재질 - 화학적 침식 - 부식(H_2SO_4), 팽창($CaSO_4$)
　　　　　　　　 └ 구조 - 응력 집중 - 이음부, 단부(두부, 선단)

　㉯ 강말뚝 ┌ 재질 - 부식
　　　　　　└ 구조 - 좌굴, 파열

② 외적 - 지반 파손 - 지질(연약화, 공동), 지하수위 영향

7) **부마찰력** → 연약 지반 수직 침하 (* 측방 유동 → 연약 지반 수평 이동)

① 문제

㉮ 내적(말뚝) - 지반 침하 → 하중 증가 → 말뚝 파손

㉯ 외적(구조물) - 말뚝 파손 → 상부 구조물 침하 → 균열

② 원인

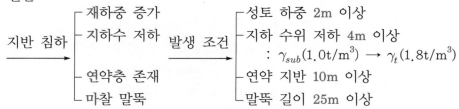

$$\text{지반 침하} \longrightarrow \begin{cases} \text{재하중 증가} \\ \text{지하수 저하} \\ \text{연약층 존재} \\ \text{마찰 말뚝} \end{cases} \text{발생 조건} \begin{cases} \text{성토 하중 2m 이상} \\ \text{지하 수위 저하 4m 이상} \\ \quad : \gamma_{sub}(1.0t/m^3) \rightarrow \gamma_t(1.8t/m^3) \\ \text{연약 지반 10m 이상} \\ \text{말뚝 길이 25m 이상} \end{cases}$$

③ Mechanism

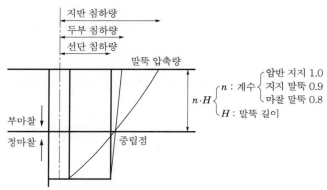

지반 침하량

두부 침하량

선단 침하량

말뚝 압축량

부마찰

정마찰

중립점

$n \cdot H$ $\begin{cases} n : \text{계수} \begin{cases} \text{암반 지지 1.0} \\ \text{지지 말뚝 0.9} \\ \text{마찰 말뚝 0.8} \end{cases} \\ H : \text{말뚝 길이} \end{cases}$

▶▶ 침하량의 부마찰 모식도(중립점)

④ 대책

㉮ 내적(말뚝) ┌ 설계 - 설계 고려 - 부마찰력 고려 설계, 군항 설계
　　　　　　　└ 시공 ┌ 주면 마찰↓ - 이중관, 역청재 도포, Preboring
　　　　　　　　　　　└ 선단 지지↑ - 선단 면적 증가, 본수 증가, 근입심 증가

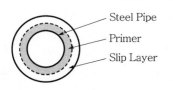

Steel Pipe

Primer

Slip Layer

* ┌ 단점 - 5℃ 이하 불리 → 균열, 박리
　└ 주의 사항 - 시공 시 하단부 Ring 부착
　　　　　　　　　→ Slip Layer 손상 최소화

▶▶ Slip Layered 말뚝

㉯ 외적(지반) - 연약 지반 개량 - 지치고탈다

⑤ 형태 - 점토 지반, 점토층 위 성토 지반, 느슨한 모래 지반

⑥ 검토 - 탄성 해석, 탄소성 해석, 최대 전단 강도법

(4) Caisson 기초

1) 분류

　① Open Caisson 공법 = 우물통, Well, 정통 공법

　② Pneumatic Caisson 공법 = 압기, 공기 케이슨 공법

　③ Box Caisson 공법 = 설치 케이슨 공법

2) 시공 순서 - 준수한 구굴에 침이 묻으니 지저분하고 속상하다

　준비 → Shoe 설치 → 구체 제작 → 굴착 → 침하 → 지지력 확인 → 저반 Con'c 타설

　→ 속채움 → 상치 Con'c 타설

3) 시공 관리

　① 편기 관리 - 경사, 위치 → 초기 Real Time 관리

　② 침하 관리

　　㉮ 침하 조건 -

하중($W_c + W_l$)	>	저항력($P + F + B(U)$)
케이슨 하중, 재하중		선단 저항, 주면 마찰, 부력, 양압력

　　㉯ 촉진 공법

　　　하중↑ - W_l↑ → 재하중, 물하중

　　　저항력↓ ┌ P↓ → 발파, 사수(Jet 이용)

　　　　　　├ F↓ → 수평 토압↓(송기, 송수식), 마찰 계수↓(도막, Sheet식)

　　　　　　└ B↓ → 지하수위 저하(압밀 침하로 하중↑ 효과도 - 부마찰력 원리)

　　㉰ 문제점 ┌ 경질 지반 - 침하 난이

　　　　　　 └ 연약 지반 - 부등 침하

4) Shoe

　① 목적 - 침하 촉진, 구체 보호

　② 형상 ┌ 사질토 - 단립, 봉소 구조

　　　　　└ 점성토 - 이산, 면모 구조

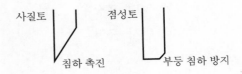

사질토　　　　점성토

침하 촉진　　　부등 침하 방지

5) 기계 설비

　시공 설비, 굴착 설비, 동력 설비, 통신 설비, 기갑 설비, 압기 설비

6) 영종대교 사례

　Pneumatic Caisson 계측 - 경사계, 반력 계측, 함내 기압, 유해가스 농도 계측, CCTV

포장
(포장 = 공통 + 가요성 + 강성 + 합성 단면 포장)

 **1** **공통 = 고려 사항+분류+차이점+안정 처리+검사 항목**

(1) 선정 시 고려 사항 – 우선적(교토기생), 부가적

  1) 우선적 – 교통량, 토질, 기후, 생애 주기 비용

  2) 부가적 – 유사 포장 공용성, 인접 현장 조건(기존 포장), 재료/시공자 능력

(2) 분류 – 일반적, 기능적

  1) 일반적

    ① 가요성 포장(ACP)

      ㉮ Full Depth

      ㉯ Layered Structure

    ② 강성 포장(CCP)

      ㉮ JCP(무근 Con'c 포장) – 2차 응력 줄눈 제어 = 줄눈 Con'c 포장(90회)

      ㉯ CRCP(연속 철근 Con'c 포장) – 2차 응력 철근 제어

    ③ 합성 단면 포장

      ㉮ 교면 포장

      ㉯ 반사 균열

  2) 기능적

    ① 투수성 포장 – 부분 침투, 부분 증발

    ② 배수성 포장 – 전부 배수

    ＊막힘 문제 – 배수 기능 회복 ┌ 물리적 – 압축 공기, 고압수
                                └ 화학적 – 과산화수소

▶ 투수성 포장과 배수성 포장 비교

구분	일반 포장	투수성 포장(주로 보도)	배수성 포장(주로 차도)
포장체	우수	우수 투수성 포장	우수 배수성 포장 다공성 다짐 Con'c
기층, 보조 기층	배수구		
노상, 노체		*필터층(요구 조건) 부분 침투, 부분 증발	

(3) 차이점

1) 구조적

　① 교통 하중 지지 방식 – 지반 분산/직접 지지

　② 내구성 – 불량/양호

　③ 지반 적응성 – 양호/불량

2) 일반적 – 시장소유

　① 시공성 – 품질 관리 용이/난이

　② 장비/자재 – 전압/타설

　③ 소음/진동 – 적음/큼

　④ 유지 관리 – 비용 큼/비용 적음

▶ 교통 하중 지지 방식

구분	ACP	CCP	하중 분포
차륜 하중		직접 지지	P
포장체	지반 분산	→ ← 압축 → 인장	CCP Slab 두께
기층, 보조 기층			CCP =30cm (D교통)
노상, 노체			Z　ACP

(4) 안정 처리 – 물첨기

1) **물리적** – 흙이냐, 물이냐, 치환이냐 – 입도 조정, 함수비 조정, 치환

2) **첨가제** ┌ 사질토 – 시멘트 ┐
　　　　　 ├ 점성토 – 석회　├ 분진 문제 → 습윤, 고화재, 시멘트 슬러리
　　　　　 └ 기타 – 역청　 ┘

3) **기타** – Macadam

원리 – $\tau_f = c + \sigma' \tan\phi$　　　　　원리 – $CaO + H_2O \rightarrow \underline{Ca(OH)_2} + \underline{125cal/g}$
　　　　　　　　　　　　　　　　　　　　　　　　　　　　　　② 　　　　③ 　　　　①

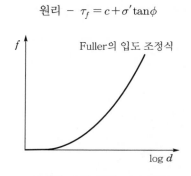

▶ 물리적 안정 처리 원리 그래프

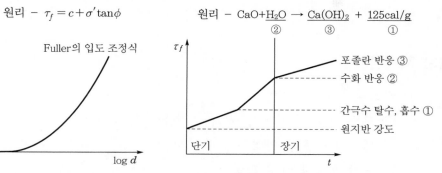

▶ 첨가적 안정 처리 원리 그래프
　= 생석회 말뚝(고결 공법)

Key note

(5) 검사 항목 – 평균이혼규격표

1) 공통 – 평탄성, 균열, 규격, 표층

  ① 평탄성 검사 – 분류+기관지

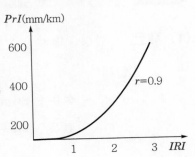

    ㉮ 분류 ┌ PrI – 국내 신설 도로(mm/km)
          ├ QI – 국내 국도 포장(Count/km)
          └ IRI – 국제 평탄성 지수(m/km)

    ㉯ 기준 ┌ 가로 – 요철 5mm 이하
          └ 세로 ┌ ACP – 100mm/km 이하
                 ├ CCP – 160mm/km 이하
                 └ 교량 – 240mm/km 이하

    ㉰ 관리 ┌ 가로 – 3m 직선자
          └ 세로 – Profilemeter, APL

    ㉱ 지수 – $\boxed{PrI = \Sigma h_i(\text{mm})/\text{총 측정 거리(km)}}$

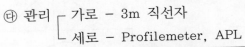
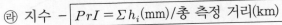
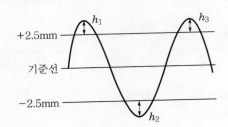

  ② Proof Rolling – 정의, 분류, 흐름

    ㉮ 정의 – 변형량 측정 → 평탄성 관리(노상), 다짐도 판정

    ㉯ 분류 ┌ Inspection P/R – 신규 변형 조사
          └ Additional P/R – 추가 다짐 조사

    ㉰ 흐름 –
                      D/T, Roller   D/T, 벤켈만빔

        $\boxed{\text{포장체 시공 전}}$ → $\boxed{\text{Inspection P/R}}$ → $\boxed{\text{Additional P/R}}$

                      신규 변형 조사   추가 다짐 조사

2) 강성 – 이음

3) 가요성 – 혼합물

2 가요성 포장 = 재료+시공+파손

(1) 재료 – 결성골채

1) 결합재

Asphalt – │석유 –│Straight –│액체 –│유화 아스팔트 –│응결 속도 – 침투용, 혼합용
　　　　　│천연　│Blown　　│특수　│컷 백 아스팔트　│이온 – 양이온, 음이온
　　　　　│　　　│　　　　　│AC(Aspalt+골재)

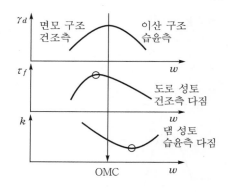

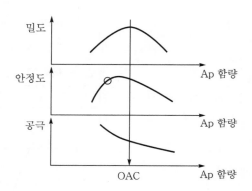

2) 성능 개선재

개질재 ┬ 목적 ┬ 한랭지 – 내균열성, 내마모성↑
　　　　│　　　└ 온난지 – 내유동성↑
　　　　└ 분류 ┬ 물리적 – 금속 – Chemcrete
　　　　　　　　├ 화학적 – 고분자 – 합성수지(SBS-Superphalt), 고무(SBR)
　　　　　　　　└ 기타 – SMA

3) 골재 – 깬 것, 깨지 ×

4) **채움재**

① 광물성 채움재 – 석분 – Filler   * 화성암, 석회암 분말 → 0.074mm↓

　　㉮ 목적 ┌ 재료 – Ap량 ↓
　　　　　　├ 시공 – 시공성 ↑
　　　　　　└ 유지 관리 – 비용 ↓

　　㉯ 기능 ┌ 주 기능 – Stiffner Filler – 보강 기능 → AC 일체화 → 내구성↑
　　　　　　└ 보조 기능 – Void Filler – 공극 채움 → AC량 감소 → 내유동성↑

　　㉰ 관리 ┌ 수분 관리 → 뭉침 → 수분 함량 1%↓
　　　　　　└ 비중 관리 → 비산 → 비중 2.6↑

② Carbon Black – 자외선 강함

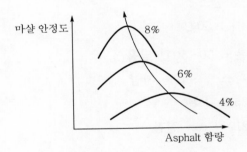

▶▶ 석분 함량에 따른 안정도

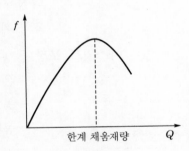

▶▶ 채움량과 강도와의 관계

Key note

(2) 시공 - 다짐, 이음

1) 다짐

① 1차 - 평탄성, Macadam R, 110~140℃

② 2차 - 밀도, Tire R, 80~110℃

③ 3차 - 평탄성, Tandem R, 60~80℃

* 온도가 너무 높으면 - 혼합물 분리, Hair Crack 발생

* 평탄성 위해 초기 전압 매우 중요

* ACP 온도 관리
  - 혼합 시 : 140~160℃
  - 포설 시 : 110℃ 이상
  - 다짐 시 : 옆 참조
  - 교통 개방 시 : 50℃

* 중온 아스팔트 포장
  - 생산 온도 30~50℃ 낮음
  - 온실 가스 20~40% 저감
  - 공기 25% 단축
  - 공비 210원/ton 절감

2) 이음

① 종방향 - 시공법 - Hot, Cold, Semi Joint

② 횡방향

Key note

---

(3) 파손 – 분류, 이론, 대책, 관리, 재생

1) 분류

　① 시기

　　㉮ 초기 – 소성 변형 – 공용 후 3년 이전, 포장 파손의 70%

　　㉯ 후기 – 균열(피로, 저온) ┬ 선상 – 종방향(바퀴 패임), 횡방향(온도),
　　　　　　　　　　　　　　　　　　　　　　 공통 균열(헤어 크랙, 반사 균열)
　　　　　　　　　　　　　　　 └ 면상 – 망상 균열

　② 형태

　　㉮ 노면 성상에 관한 파손

　　㉯ 구조적 파손

2) 소성 변형 이론

　압축 이론 ┬ 체적 유지 – 전단 변형론
　　　　　　 └ 체적 감소 – 공극 감소론

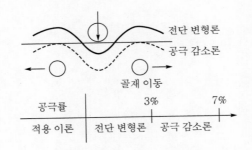

▶ 소성 변위 이론 모식도와 적용 범위

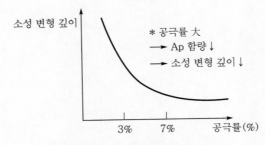

▶ 공극률과 소성 변형 깊이의 관계

3) 대책

① 저감 – 재/설/배/시

재료($\tau_f = c + \delta \tan\phi$)

$$\begin{bmatrix} c\uparrow & - \text{점도 개선(바인더 성능)} - \text{SBS(Super Phalt)} \\ \phi\uparrow & - \text{골재 맞물림 성질 개선} - \text{SMA(Stone Mastic Asphalt)} \end{bmatrix}$$

② 처리

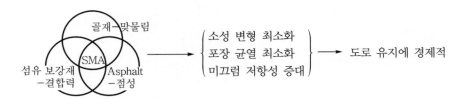

＊ Flushing 현상 ┌ 문제 – 개질 아스팔트의 재료 분리 → 비균질, 응력 집중
　　　　　　　　 └ 대책 – 균질 교반, 온도 준수(생산, 다짐)

Key note

4) 관리

　① 조사

　　㉮ **방법** ┌ 발생 위치/시기+교통량

　　㉯ **범위** ─┼ 발생 규모

　　㉰ **계획** └ 진행/관통 여부

　② MS

　　조원수D/B져 – 유지 보수

　　┌ ACP ┌ 유지 공법 – 부분 재포장, Patching, 표면 처리, 절삭

　　│　　　└ 보수 공법 – Overlay, 절삭 후 Overlay, 전면 재포장

　　└ CCP ┌ 유지 공법 – Sealing(Resealing, Under sealing)

　　　　　 └ 보수 공법 – 단면 보수(전단면, 부분 단면)

　③ LCC – $\underline{I}$(초기 비용) + $\underline{M}$(유지 비용) + $\underline{R}$(교체 비용)

　　　기획, 설계, 시공　유지 관리　　　　폐기 처분 → LC(Life Cycle)

　　* 조원수 DB져

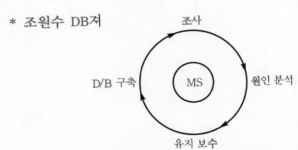

　　* Maintenance System＝조＋원＋수

▸▸ MS 모식도 – 조원수D/B져

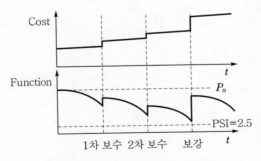

▸▸ LCC 그래프 – Cost와 Function

5) 재생 – Pavement Recycling

① 표층 ┌ Plant Recycling
　　　　└ Surface Recycling ┌ 굳기 전 – Reshape
　　　　　　　　　　　　　　└ 굳은 후 – Remix, Repave

② 기층 ┌ Plant
　　　　└ 노상

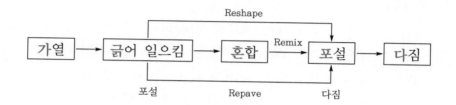

3 강성 포장 = 재료+시공+파손

(1) 재료

1) 결합재   * 결성골채 – ACP 채움재, Con'c 섬유 보강재, CCP Bar 및 분리막

   Cement+물

2) 성능 개선재

   혼화 재료

3) 기타

   ① Bar

   ② 분리막

   　㉮ 재질 – 비닐, 석분, Fly ash

   　㉯ 기능 – 2차 응력 끝단에 집중 – JCP에 적용, CRCP 해당 없음(연속 철근

   　　　　　　　　　　　　　　　　　　　　2차 응력 부담)

(2) 시공

1) 양생

   시간 ┬ 초기 양생 – 피막 양생, 삼각 지붕 양생

   　　 └ 후기 양생 ┬ 여름 – 습윤 양생

   　　　　　　　　 └ 겨울 – 온도 제어(증가) 양생

2) 이음

   ① 기능성(줄눈) ┬ 팽창 – 가로 줄눈

   　　　　　　　 └ 수축 – 가로, 세로 줄눈

   ② 비기능성 – 시공 이음

정, 역, 간, 위, 법!!

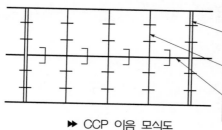

구분	역할	간격		Bar
가로 팽창	Blow up 방지	6~9월 : 120~480m		Slip bar
		10~5월 : 60~240m		
가로 수축	2차 응력 완화	$t = 25cm$ 이상 : 10m		Dowel bar
		$t = 25cm$ 미만 : 8m		
세로 수축	뒤틀림 방지	4.5m 이하		Tie bar

▸▸ CCP 이음 모식도

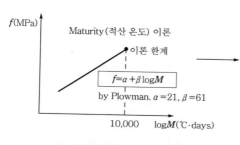

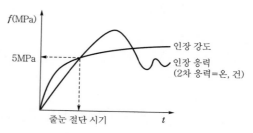

* 적용 ┌ 해체 시기(거푸집)
      ├ 이음 절단 시기
      ├ 교통 개방 시기
      └ 포스트텐셔닝 시기

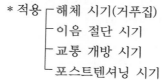

* ┌ 시기 ┌ 가로 – 24시간
  │   └ 세로 – 72시간
  └ 문제 ┌ 빠를 경우 – Ravelling
         │   – 평탄성 불량
         └ 느릴 경우 – Random Crack

▸▸ CCP 이음 절단 시기 그래프

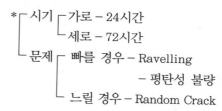

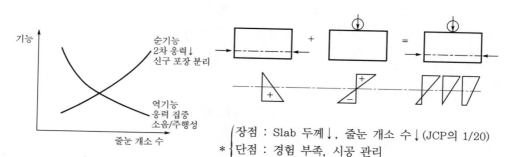

* ┌ 장점 : Slab 두께↓, 줄눈 개소 수↓ (JCP의 1/20)
  ┤ 단점 : 경험 부족, 시공 관리
  └ 적용 : 동해 고속도로 주문진–속초 구간 1공구 일부

▸▸ 이음의 양면성 　　▸▸ Post–Tensioned Con'c Pavement System(PTCP)

(3) 파손

1) 시기

　① 초기 – 2차 응력 균열(온, 건!!)

　　　＊Con'c 균열 – 굳지 ×(소침물), 굳은(이열설), 구조물(결손열)

　② 후기 ┌ JCP – 줄눈, 표면, 균열, 기타(Blow up, Pumping)

　　　　　└ CRCP – Punch Out, 균열, 기타(Spalling)

　　　＊줄줄이 포장해서 군기를 잡고 펀치로 군기를 잡는다.

2) 형태

　① 노면 성상에 관한 파손

　② 구조적 파손

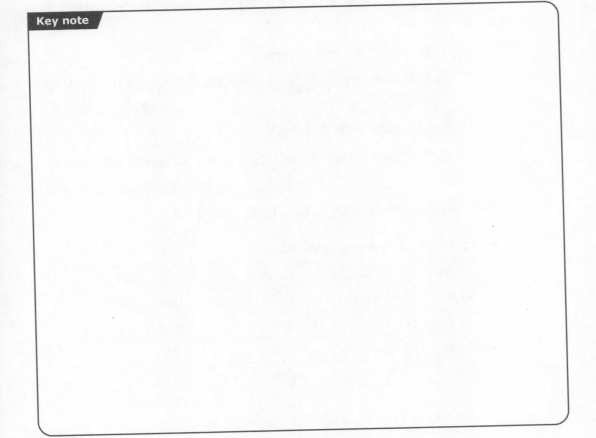

4 합성 단면 포장 = 교면 포장+반사 균열 응력단차!!

(1) 교면 포장 – 특수성, 분류, 방수, 배수

1) 특수성

① 진동 충격 – 피로 균열

② 공간 협소 – 보수 난이

③ 경사 온도 – 밀림 현상

④ 합성 단면 – 응력 단차

* 현장 사례

┌ 돌산대교(아크릴 폴리머+일반 Asp), 진도대교(Guss Asp)

└ 전면 재포장 시 : 교량 과대 진동, 거더 볼트 파손, 과도한 부착

2) 분류

① ACP ┌ 노출 – 가열 Asphalt 5~8cm

└ 특수 – Guss Asp, SMA, SBS Guss Asp 특징 – 유입식, 방수성 좋음,
충격에 강함

② CCP ┌ 노출 – 피복 두께 증가(5cm)

└ 특수 – LMC = Latex+Con'c LMC 특징 – Latex와 Con'c 일체 거동,
방수성, 내구성, 균열 저항성

③ 기타 – Epoxy 수지(이순신대교), 아크릴 폴리머

▶ 가열 Asphalt, Guss Asphalt, LMC 비교

구분	가열 Asp.	Guss Asp.	LMC
재료	Asp.+골재	Asp.+골재+TLA	Latex+Con'c
시공	다짐식	유입식	타설식
방수/접착	불량	우수	우수
LCC	증가	감소	감소

3) 방수

① 도포식 ┬ 액상 − 도막식
        └ 고상 − Sheet식

② 포장식 ┬ 강교 − Guss Asphalt
        └ Con'c교 − LMC

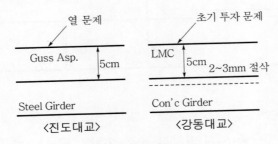

➤ 포장식 교면 방수 모식도

③ 흡수 방지식

4) 배수

① 물 침투 억제 − 줄눈공 − 주입, 성형 줄눈 − 공용중 손상 문제

② 침투수 배제 − 배수공 ┬ 배수구, 배수관(유공형)
                  └ 배수관(매설형)

Key note

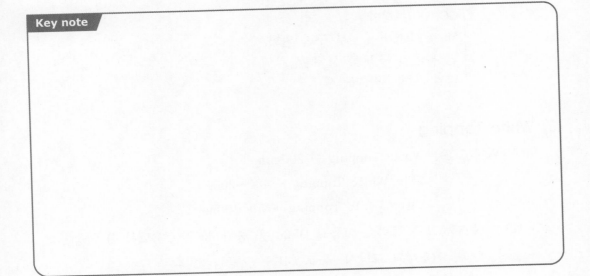

(2) 반사 균열 – 메커니즘, 대책

1) Mechanism(발생 기구)

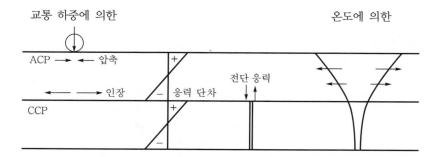

2) 대책

① 방지 대책

㉮ ACP – 줄눈 설치(하부 줄눈 위치), 두께 증가

㉯ 경계 – 상하부 분리(토목 섬유) – 가장 효과적

㉰ CCP – 줄눈 설치

② 처리 대책

㉮ ACP – 표면 처리, Sealing, Patching, 덧씌우기

㉯ CCP ┌ 소규모 손상 – 이음, 균열 보강
　　　　└ 대규모 손상 – 파쇄(기층 역할)

* 분리막 – 힘(차단), 물(차수)

$\left\{\begin{array}{l}\text{CCP – 분리막} \\ \text{Mass Con'c – 외부 구속 완화} \\ \text{반사 균열 – 토목 섬유} \\ \text{터널 – 방수막(더블셀)}\end{array}\right.$

(3) White Topping

ACP 위에 CCP ┌ White Topping – 200mm
　　　　　　　├ Thin White Topping – 100~200mm
　　　　　　　└ Ultra White Topping – 50~100mm

* DB 하중(3축 표준 트럭) – 1등교 DB24 총 중량 43.2톤, DL(차선) 하중

* 돌산, 남해, 진도대교 그당시 1등교 DB18 총 중량 32.4톤

교량
(교량 = 상부 구조 + 하부 구조 + 부속 장치)

1 상부 구조 = 공통+Con'c교+강교+특수교

(1) 공통 – 합성형교, 형식

1) **합성형교** = Steel Girder+Con'c Slab → 응력 단차 발생 → 전단 연결재 설치

전단 연결재

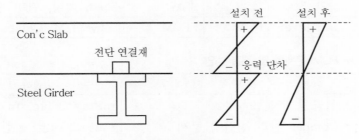

➡ 응력 단차 모식도

＊분류 ┌ Stud – Bolt, Angle
　　　 └ 반원형 철근 + ㄷ형강, ㅁ블록

＊간격 – 60cm 이하, Slab 두께 3배 이하 → 10cm < 간격 < 60cm

2) **형식**

① 단순교 – 정정　 ; 정정 : 힘의 3요소(ΣV, H, $M=0$)로 풀 수 있는 구조

② 연속교 – 부정정 ; 부정정 : 지점 조건↑, 처짐/변위↓, 내부 응력↑

③ 겔버교 – 정정　 ; 겔버교에서 힌지는 좌우 대칭

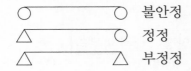

　　　　불안정
　　　　정정
　　　　부정정

(2) Con'c교 - 가설 공법, 타설 순서

1) PSC 기본

① PS 원리 - 응력 개념, 하중 평형 개념, 강도 개념

② PS 관리 - 집중 Cable 방식, 분산 Cable 방식

2) 가설 공법 - 전체거지 IMF

① 동바리 설치 ○ - FSM - 전체/거더/지주 지지식

   * 동바리 안전 - 하중/지지/기초 문제

② 동바리 설치 ×

구분	현타	Precast	특성
분절 진행	ILM	PPM	2중 곡선 불가능
경간 진행	MSS	SSM	장비 대형, 단면 변화 불가
Cantilever	FCM	PFCM	불균형 M, Camber 관리, Key Seg.

▶ FCM 문제점 및 해결 방안

문제점	해결 방안
• 불균형 모멘트 • Camber 관리 평탄성 문제 • Key Seg. 접합	• Stay Cable, Anchor, 가벤트 • Block out → 현타 • H-Beam, PS Cable

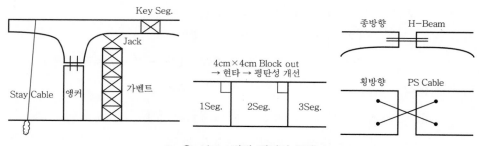

▶ Camber 관리 평탄성 문제

③ 시공 순서

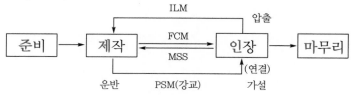

3) 타설 순서

① 방향

㉮ 방향 ┌ 종방향 : (+)Moment 부분 먼저 타설 <u>본서 P.519 설명</u>
         └ 횡방향 : 좌우대칭   * 개념 : Con'c에 유해 인장
                                              응력 미발생 원칙

㉯ 경사 - 낮은 곳 → 높은 곳 타설

② 형식

㉮ 단순교 - 중앙부터 타설(지간 긴 경우)

㉯ 트러스교 - Slab Con'c에 인장력 걸리지 않도록

(3) 강교 - 가설 공법

1) 가설 공법

① 방법

㉮ 가설 ┌ Crane - ┌ 육상 ┌ 평지 - 자주식 Crane
         │ Winch   │   └ 산악 - Cable Crane
         │   └ 해상 - Floating, Derric Crane
         └ 압출 장비

㉯ 지지 ┌ 지지 ○ - 상부, 하부 지지
         └ 지지 × - 자체 지지

② 연결

㉮ 방법 ┌ 야금적 - 용접   * 비파괴 검사, 결함 모식도, 단축 부재/결국 인장
         └ 기계적 - 고장력 볼트, 리벳 이음

㉯ 방식 ┌ 모멘트 연결법 - 공비에 유리
         └ 힌지 연결법 - 공기에 유리

(4) 특수교 – 사장교/현수교, Extra-dosed교, Preflex Beam

1) 사장교와 현수교 – 구성, 특성, 시공, 계측

① 구성

㉮ 사장교 – 주탑, 케이블, Deck

㉯ 현수교

┌ 주탑, 케이블

├ Suspended Structure – Hanger, Deck

└ Anchorage System ┌ 자정식 – 앵커 × – Deck가 연속보 – 영종대교

         └ 타정식 – 앵커 ○ – Deck가 단순보 – 광안대교

           * 이순신대교 타정식(중력/지중 정착식)

▶ 현수교 케이블 가설 공법 비교

구분	Air Spinning	Prefabricated Pararell Wire Strand
원리	Strand 현장 제작	Strand 공장 제작
구성 요소	스피닝 휠	캐리어
시공 순서	소선 단위 공중 가설 → Strand 형성 → 주케이블 가설	공장 Strand 제작 → 운반 → 현장 주케이블 가설
장점	제작/운반비↓, 가설 장비 규모↓	공기/노무↓, 가설 위험성↓
단점	공기/노무↑, 가설 위험성↑	제작/운반비↑, 가설 장비 규모↑

② 특성

㉮ 지간 – 지간 및 처짐 → 현수교 > 사장교

㉯ 내진 – 지진력 < 부재력

┌ 지진력↓ ┌ 능동적 – 제진(지진에 저항 ○)

│   └ 수동적 – 면진(지진에 저항 ×)

└ 부재력↑ – 내진(수평 LRB, 수직 Spring System)

가지사세요!!   지진력 = 가속도 계수×지반 계수×사하중

㉰ 내풍 – Cable(Damper, Dimple), Deck(내풍판)

③ 시공

   ㉮ 기초 – 가물막이(원형 셀식, 수압, 수두차), 깊은 기초(말뚝(현/기), 케이슨, 수중/Mass Con'c)

   ㉯ 주탑 – 타설(고성능 Con'c 관리, 부식 대책), 거푸집(연속 거푸집 안전, 경사 관리, Slip Form)

   ㉰ 케이블 – 장력 관리(단계별 도입 및 보정)

   ㉱ 상판 – 처짐 관리(단계별 Simulation에 의한 선형 관리 및 보정), Key Seg. 연결

④ 계측

   ㉮ 시공 중 – 안전 관리 ┌ 풍향 풍속계 ┌ 시공 중 건설 안전 한계치 – 10m/sec
                                          ├ 공용 중 교통 안전 한계치 – 25m/sec
                                          └ 공용 중 구조 안전 한계치 – 65m/sec
                         └ 기타 – 유속계, 경사계, 변형률계, 온도계, 처짐계, 진동 가속도계

   ㉯ 공용 중 – 유지 관리 ┌ 진동 가속도계 – 주탑/상판 진동, 케이블 장력 추정, 지진 가속도
                                ├ 응력/변형 – 변형률계, 처짐계, 신축 이음계, 경사계
                                └ 풍향 풍속계

2) Extra-dosed교 = PSC Girder교+사장교

   * 케이블로 보강된 PSC교(외형은 사장교, 거동은 PSC교)

3) Preflex Beam

   ① 원리

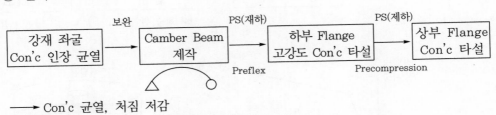

   ⟶ Con'c 균열, 처짐 저감

   ② RPB(Represstressed Preflex Beam)

     = | Preflex Beam | + | 하부 Flange PS | → 인장 잔류 응력, 강선 효과 미비

   ③ Prestress ┌ Preflex : 집중 하중
                    ├ Precom : (거푸집+Con'c)+PS 도입
                    └ IPC : (동바리+Con'c)+단계 PS

2 하부 구조

하부 구조 = 교량 기초(깊은 기초 → 수중Con'c)+교각 타설 공법(연속 거푸집,
　　　　　　　Mass Con'c)

3 부속 장치 = 교좌 장치+신축 이음 장치

(1) 교좌 장치 – 목적, 기능, 분류

1) 목적 – 상부 하중 하부 전달, 변위 흡수

2) 기능 – 이동, 지압, 회전

3) 분류

　　① 재질 ┌ 고무, 강재
　　　　　　└ 납(LRB)

　　② 방향 ┌ 가동형 – 이동+지압+회전
　　　　　　└ 고정형 – 지압+회전

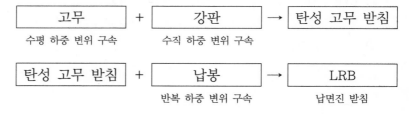

| 고무 | + | 강판 | → | 탄성 고무 받침 |
수평 하중 변위 구속　　　　수직 하중 변위 구속

| 탄성 고무 받침 | + | 납봉 | → | LRB |
　　　　　　　　　반복 하중 변위 구속　　　납면진 받침

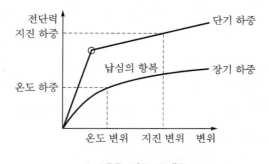

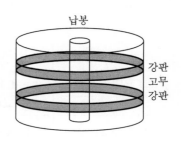

▶▶ LRB 거동 그래프

(2) 신축 이음 장치 – 분류, 설계 유간

1) 분류

① 맞댐식 – 고무 – NB형(도로공사)

② 지지식 – 강재 – Finger형(서울시)

* 설계 유간 ┌ 과소 – 교량에 유해 응력
          └ 과도 – 낙교

2) 설계 유간

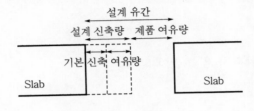

$$* \text{ 기본 신축}(\Delta l) \begin{cases} \Delta l_t (\text{온도}) \\ \Delta l_s (\text{건조 수축}) \\ \Delta l_c (\text{Creep}) \\ \Delta l_r (\text{Rotation}) \end{cases}$$

Key note

암반
(암반 = 암석과 차이점 + 암반 결함 + 암반 분류)

1 암석과 차이점 = 암석+암반

(1) 암석

불연속면을 포함하지 않는 암괴

(2) 암반

불연속면을 포함하는 암괴

○ 암석
연속체 해석
유한 요소/유한 차분

⊘ 암반
불연속체 해석
개별 요소법

의사 연속체 해석

▶ 불연속면에 따른 해석 방법

Key note

2 암반 결함 = 내적+외적

(1) 내적 – 불연속면 때문에 암반이 절단난다

불연속면 ┌ 절리, 층리, 편리 – 수cm ~ 수m
         └ 단층(정/역/수평 단층), 습곡(배사/향사) – 수m ~ 수km

(2) 외적

풍화 정도   * 불연속면 조사 항목

┌ 방향성 ┌ 안정 평가 – 사면, 터널
│   └ 파괴 형태 – 일방향(평면, 전도), 이방향(쐐기), 다방향(원형)
├ 면 거칠기, 충진물
└ 암괴 크기

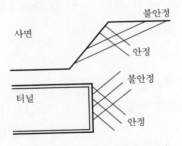

▶▶ 방향성에 따른 안정 평가

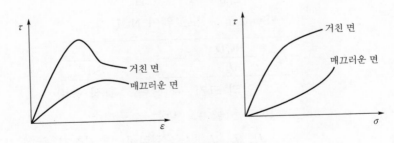

▶▶ 면 거칠기에 다른 전단 특성

3 암반 분류 = 분류+특성

- 기준 - 결함
- 목적 - 터널 굴착(방법/공법), 보조 공법(내적/외적) 결정
- 문제 - 국지적 특성 미반영 - 경년 변화, 기후 변화, 장소 변화

(1) 분류 - 기존, 최근

1) 기존

① 토공

㉮ 풍화 정도

㉯ 절리 개수

RQD ┌ Core 채취 가능 ○ - RQD = Σ10cm 이상 Core 길이/굴진 전장
    └ Core 채취 가능 × - RQD = $115 - 3.3 J_v$

㉰ 풍화 정도+절리 개수

② 터널

㉮ 정성적 - Terzaghi, Laufer법

㉯ 정량적 ┌ RMR ┌ 항목 - 강도, RQD, 불연속면 상태, 불연속면 간격,
       │   │   지하수 상태(15, 20, 30, 20, 15)
       │   ├ 보정 - 주향+경사
       │   └ 판정 - I ~ V등급
       └ Q-System - 노르웨이 NGI 기준

$$Q = \frac{RQD}{J_n} \times \frac{J_r}{J_a} \times \frac{J_w}{SRF}$$

암괴 크기   전단력   활성 응력

* RQD는 물이고 나는 스트레스

J_n, J_r, J_a, J_w : 절리군, 면 거칠기, 풍화 정도, 지하수 상태
관련 계수

2) 최근 - TSP

(2) 특성 – 등급 판정, SMR, RMR과의 관계

1) 등급 판정

등급	V	IV	III	II	I	
암종	풍화암	연암	보통암	경암	극경암	
RQD	0	25	50	75	90	100
RMR	0	20	40	60	80	100
Q-Sys.	0.001	1	4	10	40	1,000
q_u (MPa)	0	10	50	100	150	

* 보통암은 50 전후다!!

2) SMR

① 정의 –

$$ \text{SMR} = \text{RMR} + (f_1 \times f_2 \times f_3) + f_4 $$

방향성 계수(불연속면과 사면) : f_1, f_2, f_3
방법 계수(굴착) : f_4

② 등급 판정

등급	V	IV	III	II	I
사면 안정	매우 불안	불안	보통	안정	매우 안정
SMR	0 20	40	60	80	100
보강 방법	재굴착	재검토	체계 실시	부분 실시	없음

3) RMR과의 관계

▸ Q-Sytem과 차이점

구분	RMR	Q-Sytem	비고
절리 방향	보정	보정 미흡	활용성
지보 체계	단순화	세분화	적용성
현장 응력	고려 안함	고려함	신뢰성
등급 구분	용이	복잡	한계성

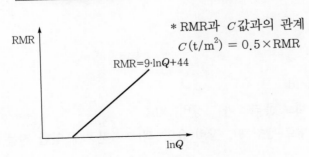

* RMR과 C값과의 관계
$$ C(\text{t/m}^2) = 0.5 \times \text{RMR} $$

RMR = 9·ln$Q$ + 44

▸ RMR, Q-System 관계 그래프

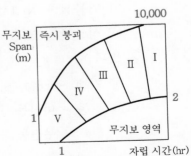

▸ 터널 무지보 유지 시간 그래프

터널
(터널 = 터널 굴착 + 보조 공법 + 기타)

---

1 터널 굴착 = 분류, 특성

(1) 분류 – 공법, 방법

　1) 공법(패턴)

　　① 전단면 굴착

　　② 분할 단면 굴착

　　　㉮ 수평 분할 ┌ 벤치 컷

　　　　　　　　　└ 가인버트

　　　㉯ 수직 분할 ┌ 측벽 선진 도갱

　　　　　　　　　└ 중벽 분할 굴착

구분	다단	미니	숏	롱	* 지반 불량
지반	불량	연약	보통	양호	→ 조기 폐합
길이		10m	50m		→ 벤치 길이 ↓

　2) **방법(수단)**

　　① 발파 ○

　　　㉮ 더블셀 – NATM

　　　㉯ 싱글셀 – NMT

　　② 발파 ×

　　　㉮ 기계 – TBM, Shield

　　　㉯ 진동 ┌ 미진동 – 재료(플라즈마), 장비(CCR)

　　　　　　　└ 무진동 – 재료(팽창재), 장비(유압 잭) → 천공에 의한 진동 문제

3) 굴착 공법(Pattern)

① 전단면

② 분할 단면 – 선진 도갱 확대 굴착

원리 – 선진 도갱 TBM+NATM = 2개의 자유면
    → 발파 진동 최소화
적용 – 도심지/구조물 인접 지역
한계 – 공기, 공비

▶▶ 선진 도갱 TBM(경부고속철도 금정 터널)

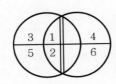

원리 – Pilot 터널 굴착→중앙 기둥→양측 확폭
    굴착 → 대단면 시공
적용 – 대단면 터널 시공
한계 – 발파 시 중앙 기둥 손상 및 이음부 누수

▶▶ 2-Arch 터널

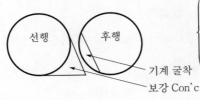

원리 – 선행 터널(보강 Con'c)+후행 터널(기계 굴착)
    → 중앙 터널 생략
적용 – 대단면 터널 시공
한계 – 벽체 안정성 문제 → 선, 후행 간격 10m↑

▶▶ 무도갱 2-Arch 터널

③ 수직 굴착 공법

㉮ 하향

㉯ 상향 ┌ RBM – 기계 – Pilot hole(하향) → Reaming(상향) → Enlarging(상향)
        └ RC – 발파 – 기계식 작업대+천공+발파

(2) 특성 - 자유면 확보, 제어 발파, 여굴/지불선, NATM, 기계 굴착

1) 자유면 확보

① 정의 - 유체(공기, 물)와 접한 면

② 목적 - 발파 효율 증대, 여굴 최소화, 모암 영향 최소화

* 내부 → 외부로 연상!!

③ 방법

㉮ 횡방향 - 심빼기 발파 - 평행, 경사, 조합 심발

㉯ 종방향 - Bench Cut - 다단(불량 지반), 미니(L=10m 이하), 숏(10~50m), 롱 벤치(50m 이상)

④ 누두 지수

$n = r / W$

여기서, $n = 1$: 표준 장약

$n > 1$: 과장약

$n < 1$: 약장약

> r : 누두공 반지름
>
> W : 최소 저항선(장약 중심~자유면 최소 거리)

2) 제어 발파 - 정의, 분류, 시험 발파, 양제기, 진동

① 정의

지발 효과를 바탕으로, $\begin{cases} \text{Tamping 효과와} \\ \text{Decoupling 효과를} \end{cases}$ 활용한 발파 공법 → 여굴 최소화

* 통일 분류 : 입경을 바탕, 입도와 Consistency를 고려한 공학적 분류 방법 → 국지적 특성 미반영

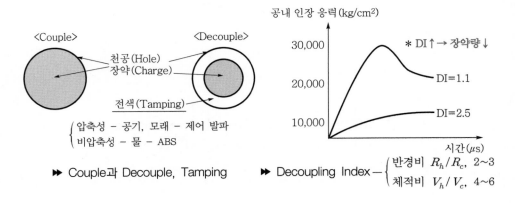

<Couple>　<Decouple>

천공(Hole)
장약(Charge)
전색(Tamping)

$\begin{cases} \text{압축성 - 공기, 모래 - 제어 발파} \\ \text{비압축성 - 물 - ABS} \end{cases}$

➡ Couple과 Decouple, Tamping

공내 인장 응력(kg/cm²)

30,000

20,000

10,000

* DI↑ → 장약량↓

DI=1.1

DI=2.5

시간(μs)

➡ Decoupling Index — $\begin{cases} \text{반경비 } R_h / R_c, \text{ 2~3} \\ \text{체적비 } V_h / V_c, \text{ 4~6} \end{cases}$

* Channel Effect(측벽 효과 = 공극 효과 = 플라즈마 효과)

- 정의 – 공 하부 장약이 완폭되지 않는 현상. DI가 클수록, 저폭속 폭약일수록 현저함
- 이유 – 공 상부(기폭부) 충격파 전파 속도가 "폭약중＜공극중"이 되어 공 하부 폭약의 둔감화

② 분류 – 벽정진구, LG PCS

㉮ 벽면 제어 발파 – Line Drilling, Pre-splitting, Cushion Blasting, Smooth Blasting

㉯ 정향 제어 발파

㉰ 진동 제어 발파 – 일반, 정밀, 특수

㉱ 구조물 해체 제어 발파

> * 발파 분류 ┌ 심발 발파 – 평행, 경사, 조합 심발
> └ 확공 발파 – 제어 발파 – 벽, 정, 진, 구

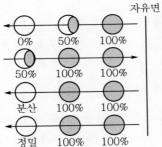

Line Drilling – 무 장약공 → 매끈한 면, 천공비 문제

Pre-splitting – 역순 발파 → 여굴 최소, 비석 위험

Cushion Blasting – 분산 장약 → 천공 감소, 90° 난이

Smooth Blasting – 정밀 화약 → 충격 완화, NATM

③ 시험 발파

㉮ 목적 ┌ 발파 영향 추정 – 발파 진동식 추정
├ 굴착 방법 결정 – 발파 가능(싱글셀, 더블셀), 발파 불가능(기계, 진동)
└ 발파 패턴 결정 – 제어 발파

㉯ 순서 – 조사 → 계획 → 시험 발파 → 결정(발파 방법) → 본발파 → 계측 관리 → 공사 완료

㉰ 방법 – $\boxed{발파 \ 진동 \ V = f(W, D)}$

여기서, V : 발파 진동 속도

W : 지발당 장약량

D : 발파원으로부터 거리

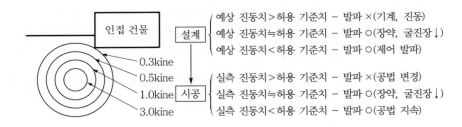

④ 발파 진동이 Con'c에 미치는 영향 – 양제기

㉮ 양생 ┌ 양생 초기 – 긍정적 – 진동 다짐, 수화 촉진
        └ 양생 후기 – 5~10시간 후 – 부정적 – 초기 균열

㉯ 제어 ┌ 발생원 – 발파 ×(기계, 진동), 발파 ○(장약, 굴진장↓)
        ├ 전파 경로 – 진동 – Trench(1/2 감소), 소음 – 방음벽, 토사벽
        │   (10~15dB 감소)
        └ 수진자 – 이동

㉰ 기준 ┌ 소음 – 주간 발파 소음 60dB↓
        └ 진동 – 가문좋아!! – 가축/문화재/조적(가옥)/RC(가옥)
                 – 0.1/0.2~0.3/0.3/0.4

* 죽령 터널 발파와 라이닝 동시 시공에 따른 영향 시험 사례 – 양생 초기

┌ 발파 진동 2.5cm/sec 이하에서는 강도 저하 없음 ┐ 동시 타설로 공기
└ 발파 진동 0.4~0.07cm/sec 10% 강도 증진 효과 ┘ 8개월 단축

⑤ 진동

㉮ 유진동 – 심발 발파(심빼기 발파), 확공 발파(제어 발파)

㉯ 미진동 ┌ 재료 – 플라즈마(고온, 고압)
         └ 장비 – CCR(미진동 파쇄기)

㉰ 무진동 ┌ 재료 – 팽창재(Calm-mite, Blister, S-mite)
         └ 장비 – 유압 잭(GNR, Super Wedge) – 천공에 의한 진동 문제!!

3) 여굴/지불선(Pay Line)

① 분류

㉠ 일반 여굴 – Look out, Over break

㉡ 진행성 여굴

┌ 순서 – 예측 분석(지질, 지하수) → 작업 순서 조절 → 초기 제어
└ 대책 ┌ 방지 대책 – 토사 제거+배수 수발공+(S/C+W/M)
        └ 처리 대책 – S/C 및 배수공 막장대기 → 신속 처리

② 차이점

구분	지불선	여굴
정의	굴착 척도	실제 굴착
계획	있음	없음
대금	지급	미지급
변형	없음	발생
대책	라이닝	뒷채움

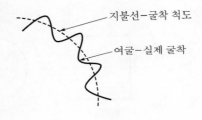

지불선–굴착 척도

여굴–실제 굴착

③ 문제점

㉠ 경제성 ↓ – S/C 증가

㉡ 수화열 → 온도↑ → 온도 응력↑ → 온도 균열↑

④ 원인/대책

㉠ 내적 ┌ 발파 – 천공 미숙, 과장약 → 숙련공, 제어 발파
        └ 기계 – 큰 장비 규격 → 정밀 장비

㉡ 외적 – 지질 – 연약부 Sliding → Grouting

⑤ 규정

㉠ 측벽부 – 10~15cm

㉡ 아치부 – 15~20cm

* 여굴 처리 방법

대규모–경량 Con'c 채움, EPS

국부적–모르타르 주입

광범위–S/C+C/L

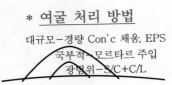

4) NATM - 원리, 설계, 차이점, 지보재

① 원리

㉮ 지반 - 구조물 상호 작용 개념

상부 이완 하중을 지반이 부담

어떻게? : Arching 현상 이용(적절한 시기에 적절한 지보)

지보는? : 지반의 지보 능력을 극대화 하는 보조 수단

㉯ 지반 - 하중 개념

상부 이완 하중을 100% 지보가 부담(토압론 근거)

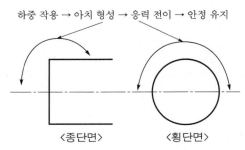

하중 작용 → 아치 형성 → 응력 전이 → 안정 유지

〈종단면〉　〈횡단면〉

▶▶ Arching Effect 모식도

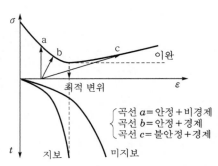

▶▶ 암반 반응 곡선 - 변형성 지보(숏크리트) 관련 곡선

곡선 a=안정+비경제
곡선 b=안정+경제
곡선 c=불안정+경제

* Arching - 흙막이(연성), 댐(심벽), 관로(매설)

② 설계 개념

구분	구성	역할
외측셸	S/C, R/B, S/R	원지반 자체의 지보 능력 극대화(Arching Effect)
분리층	부직포, 방수막	외측셸로부터의 힘(전단력) 차단, 물 차수
내측셸	콘크리트 라이닝	외측셸 보호

③ 차이점

구분	더블셸(NATM)	싱글셸(NMT)
구조	외측셸(숏, 락, 스)+내측셸(C/L)	고품질 S/C+R/B = 영구 지보재
하중	셸(내측)에 지반 전단력 미전달	셸에 지반 전단력 전달
분류	RMR	Q-System
장점	실적 다수, 공법 안정성 확인	공정 축소, S/C 분진 없음(거푸집)
단점	공정 다수(강지보, C/L), 분진	S/C 품질 관리 난이, 숙련도

④ 지보재 – 분류, 차이, 특성

㉮ 분류

　　주지보 – Shotcrete, Rock Bolt, Steel Rib, Wire Mash, Lining Con'c
　　보조지보 – Fore-poling, 강관 다단 Grouting, FRP Grouting, 막장면 Rock Bolt

㉯ 차이

구분	H형강 지보재	격자 지보재(Lattice Girder)
형상	H형강 　I	격자형 강봉 △
장점	강성	배면 공극, 휨폴링 설치각, 중량
단점	배면 공극, 휨폴링 설치각, 중량	강성

＊ 격자 지보재 시공 개선 사례

　　문제 – 분할 굴착 시 S/C로 인한 상반 격자 지보재 매설 → 하반 연결 시
　　　　　 깨기 충격 교란
　　대책 – 연결부 스티로폼 처리 및 측량 위치 표시 → 하반 연결 시 스티
　　　　　 로폼 제거 및 연결

㉰ 특성 – Shotcrete – 분류, 관리, 산악, 흐름

　　분류 – 용수 多(건식), 용수 少(습식)
　　관리 ┬ 인적 – 분진 농도 – 작업 개시 5분 후, 5m 지점, 5mg/m^3↓
　　　　　│　　　　　　　　　　(환기 정지), 3mg/m^3↓ (환기 실시)
　　　　　└ 물적 – 리바운드 ┬ 규정 – 일반적 20~30%
　　　　　　　　　　　　　　　└ 관리 ┬ 재료 – 급결제(장기 강도 문제), 섬유
　　　　　　　　　　　　　　　　　　　├ 배합 – W/B↑
　　　　　　　　　　　　　　　　　　　└ 시공 – 거리(1m), 각도(90°)

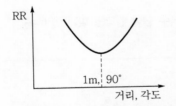

▶ 리바운드율 – 거리, 각도 관계 그래프

▶ 분류별 차이점 – 거시기반품

구분	건식	습식
거리	장거리	단거리
시간 제약	유리	불리
반발량	많음	적음
품질 관리	난이	용이

　　산악 터널 요구 성능
　　　장기 강도 – 일반 21MPa↑, 영구 35MPa↑
　　　뿜어붙이기 성능 ┬ 시공 사례 ○ – 조기 강도+분진 농도
　　　　　　　　　　　 └ 시공 사례 × – 조기 강도+분진 농도+Rebound율 상한치

　　발전 흐름

S/C	→(Rebound)	S/C+W/M	→(시간)	S/C+S/F	→(부식)	S/C+P/F

5) 기계 굴착 – 분류, 특성

① 분류 – 한국 터널공학회

    * TBM(Disk Cutter)+쉴드(강재 원통 굴착기+Precast Seg) 혼용 → 본래 의미 상실

쉴드 유무	지보 시스템	반력	명칭 및 종류
쉴드 ×	없음	자중	로드 헤더, 디거
		그리퍼	개방형 TBM
쉴드 ○	주면지보	그리퍼 or 추진잭	싱글 쉴드 TBM
		그리퍼 & 추진잭	더블 쉴드 TBM
	주면+막장지보	추진잭	토압/기계/이수/혼합식 쉴드 TBM

② 특성

    ㉮ TBM Disk Cutter

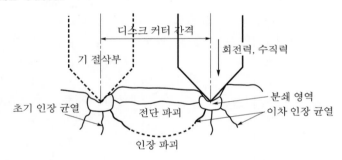

    ▶▶ 복수 절삭에 의한 파괴 메커니즘

⊕ Shield Segment 문제점

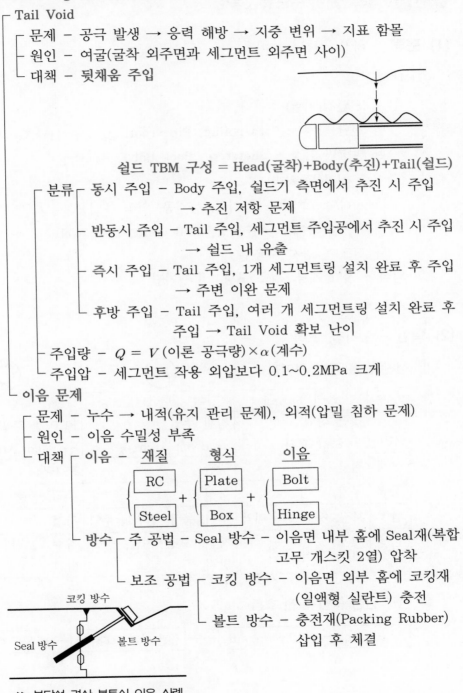

┌ Tail Void
│   ┌ 문제 – 공극 발생 → 응력 해방 → 지중 변위 → 지표 함몰
│   ├ 원인 – 여굴(굴착 외주면과 세그먼트 외주면 사이)
│   └ 대책 – 뒷채움 주입
│
│   쉴드 TBM 구성 = Head(굴착)+Body(추진)+Tail(쉴드)
│   ┌ 분류 ┌ 동시 주입 – Body 주입, 쉴드기 측면에서 추진 시 주입
│   │   │   → 추진 저항 문제
│   │   ├ 반동시 주입 – Tail 주입, 세그먼트 주입공에서 추진 시 주입
│   │   │   → 쉴드 내 유출
│   │   ├ 즉시 주입 – Tail 주입, 1개 세그먼트링 설치 완료 후 주입
│   │   │   → 주변 이완 문제
│   │   └ 후방 주입 – Tail 주입, 여러 개 세그먼트링 설치 완료 후
│   │   주입 → Tail Void 확보 난이
│   ├ 주입량 – $Q = V$(이론 공극량)$\times \alpha$(계수)
│   └ 주입압 – 세그먼트 작용 외압보다 0.1~0.2MPa 크게
│
└ 이음 문제
    ┌ 문제 – 누수 → 내적(유지 관리 문제), 외적(압밀 침하 문제)
    ├ 원인 – 이음 수밀성 부족
    └ 대책 ┌ 이음 – 재질   형식   이음
          │   ┌─────┐ ┌──────┐ ┌──────┐
          │   │ RC │ │Plate │ │ Bolt │
          │   ├─────┤ +├──────┤ +├──────┤
          │   │Steel│ │ Box │ │Hinge │
          │   └─────┘ └──────┘ └──────┘
          └ 방수 ┌ 주 공법 – Seal 방수 – 이음면 내부 홈에 Seal재(복합
                │   고무 개스킷 2열) 압착
                └ 보조 공법 ┌ 코킹 방수 – 이음면 외부 홈에 코킹재
                          │   (일액형 실란트) 충전
                          └ 볼트 방수 – 충전재(Packing Rubber)
                                      삽입 후 체결

▶▶ 분당선 경사 볼트식 이음 사례

2 보조 공법 = 분류, 특성

(1) 분류 – 내적, 외적

1) 내적
- ① 막장 안정(지질)
  - ㉮ 천단 안정 – Fore-poling, Pipe-roofing, 강관 다단 Grouting
  - ㉯ 막장면 안정 – Shotcrete, Rock Bolt, Grouting
- ② 용수 처리(물 처리)
  - ㉮ 지하수 ┌ 차수 – 압기공, 동결공, 약액 주입공
           └ 배수 – 수발공, Well Point, Deep Well
  - ㉯ 지표수, 공사 사용수
2) 외적 – 지반 개량, 기초 보강, 절연/차단

(2) 특성 – 차이점, 흐름

1) 천단 안정 공법 차이점

구분	Fore Poling	강관 다단 Grouting	FRP 다단 Grouting
원리	철근 삽입 → 보강 효과	강관 주입 → Beam Arch 형성	FRP 관 주입 → Beam Arch 형성
구성	철근	강관	FRP관
장점	공기, 공비↓	강성	부식, 중량, 반원형 주입
단점	보강, 차수 효과 미약	부식, 중량, 반원형 주입	강성
적용	여굴, 붕락 방지	차수, 보강+여굴, 붕락 방지	차수, 보강+여굴, 붕락 방지

2) 천단 안정 공법 발전 흐름

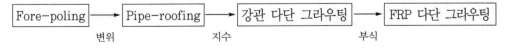

| Fore-poling | → | Pipe-roofing | → | 강관 다단 그라우팅 | → | FRP 다단 그라우팅 |

변위　　　　　지수　　　　　부식

3 기타 = 환기/방재+균열/누수+배수/비배수+붕괴

(1) 환기/방재

1) 환기

① 자연 ┌ 시공 중 ┌ 소규모 중간 송풍기 – 흡인식(중간 누풍 → 효율 감소)
        │   └ 대규모 단일 송풍기 – 송기식(막장 송풍), 배기식(막장 흡입)

② 강제 └ 공용 중 ┌ 종류식 – 차선 방향 바람 방향 평행
   (기계)   ├ 횡류식 – 차선 방향 바람 방향 교차
             └ 반횡류식 – 종류식+횡류식

* 시공 중 환기 사례

┌ 원리 – 급배기 겸용 집진기 → 환기, 집진
├ 활용 – 터널 발파 및 S/C 분진 제거
└ 한계 – 특허, 특수성, 비용 문제

* 소요 환기량 산정 – PIARC식

$$Q\,(\mathrm{m^3/min}) = P \cdot k / a \cdot t$$

여기서, P : 오염 물질 발생량($\mathrm{m^3}$)

k : 환기 계수

a : 오염 물질 허용 농도(ppm)

t : 소요 환기 시간(10~20분)

2) 방재

구분	화재		침수	
	시공 중	공용 중	시공 중	공용 중
사고 완화	급수/급기 시설	소화 활동 설비	측구, 펌프	차단벽, 집수정
자기 보존	피난 설비, 피난 통로			
예방 대책	시나리오, 경보 설비			
인명 구조	모의 훈련, 접근 통로			

* 방재 고려 사항 ┌ 복사열
              ├ 가시도
              └ 독성

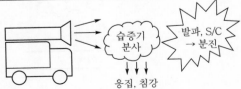

(2) 균열/누수

1) 균열

① 원인 및 대책

㉮ 자연적 – 내적, 외적

㉯ 인위적 – 재, 설, 배, 시

② 형태

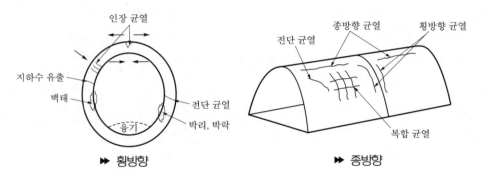

▶ 횡방향   ▶ 종방향

2) 누수

① 문제   * 적으면 막고, 많으면 뺀다!!

㉮ 내적 – 유지 관리

㉯ 외적 – 인적(우물 고갈), 물적(압밀 침하)

② 대책

㉮ 선상 ┌ 少 – 지수
　　　　└ 多 – 도수(파이프, 반할관)

㉯ 면상 ┌ 少 – 숏크리트
　　　　└ 多 – 시트(부직포, Foil)

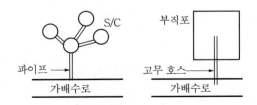

(3) 배수/비배수/하저형 터널

하저형 터널 ┌ 그라우팅 – 지하수 유입량 최대한 차단
            └ 라이닝 – 최후 유입수 배수

1) 배수/비배수/하저형 터널 비교

구분	배수형 터널(수압 ×)	비배수형 터널(수압 ○)	하저형 터널(침투 ○)
지하수 라이닝 침투압	저하 ○ 수압 × 발생 ○	저하 × 수압 ○ 발생 ×	저하 × 수압 × 발생 ○
시공성 경제성 안정성 적용성	라이닝 두께 小 유지 비용↑ 외적(주변 영향 ○) 산악 지역	라이닝 두께 大 시공 비용↑ 외적(주변 영향 ×) 도심 지역	라이닝+그라우팅 시공, 유지비↑ 내적(누수 문제) 하저, 해저

지하수가
라이닝에
침투압을
유발

Key note

(4) 붕괴 - 갱구부, 막장, 수직구, 접속부

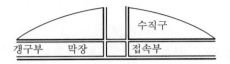

1) 갱구부

① 문제

㉮ 토피 - 작음 → Arching Effect에 의한 원지반 지지 곤란 → 붕괴 위험

㉯ 토질 - 토사, 풍화암, 지하수 문제 → 붕괴 위험

② 위치

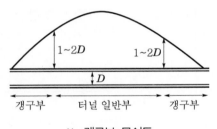

▶▶ 갱구부 모식도

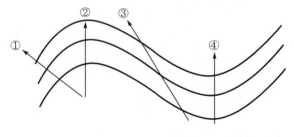

① 경사면 직교 - 가장 이상적
② 골짜기 진입 - 지하수, 사면 불안정
③ 경사면 평행 - 편토압, 토피고 문제
④ 밑뿌리 진입 - 토피고 문제

▶▶ 갱구부 위치 선정 모식도

③ 대책

㉮ 사면 불안정 ┌ 내적 - 돌출식 갱문
             └ 외적 - 사면 보호공(F_s 유지), 사면 안정공(F_s 증가)

㉯ 편토압 문제 ┌ 내적 - 지보 강성↑(주+보조 지보), 보강공
             └ 외적 - 압성 토공

2) 막장

① 붕괴

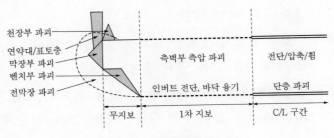

천장부 파괴
연약대/표토층
막장부 파괴
벤치부 파괴
전막장 파괴

측벽부 측압 파괴   전단/압축/휨

인버트 전단, 바닥 융기   단층 파괴

무지보   1차 지보   C/L 구간

▶▶ 붕괴 형태

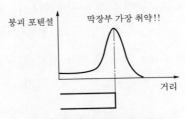

붕괴 포텐셜   막장부 가장 취약!!

거리

▶▶ 터널 붕괴 포텐셜 그래프

② 원인 및 대책

㉮ 자연적 – 내적, 외적 – 연약층, 파쇄대, 용수

㉯ 인위적 – 재, 설, 배, 시 – 공법/방법 선정 오류, 과굴착/지보 지연

3) 수직구

① 표층부 – 흙막이 보조 공법 – 차수, 보강

② 중간부 – 지보 강성↑

③ 접속부 – 갱문 보강공(철콘 구조물) ┌ 수직 – 토류벽 H-Pile 하중 지지
                                        ├ 수평 – 접속부 붕괴 방지
                                        └ 방수 – 이질재 접합

4) 접속부

① 개착+터널 – 정거장, 환기구, 수직구

② 터널+터널 – 횡갱, 신구 터널

* 영국 히드로 공항 횡갱 + 수직구 대형 붕괴 사건!!
    → 막장만 위험한 것이 아니다!!

(5) 사례 – 서울지하철 7호선 연장 ○○공구

1) **양생** – Lining 양생용 살수 장치 → 라이닝에 원주상 자동 살수(습윤 양생) → 2차 응력 균열 저감

2) **굴착** – 구조물 인접 구간 유압 쐐기식 무진동 암파쇄 → 진동 저감 효과 → 천공 Hole 과다로 소음 민원 증대

3) **지보** ┌ 알칼리프리계 S/C 급결재 → 오염 최소화, AAR 방지, 장기 강도↑
└ R/B Mortar 흘림 방지 장치 → 상향 R/B 시공 시 Mortar 유실 방지용 Cap 설치 → 특허 문제

4) **방수** – 겔 상태 고분자 방수재 → 개착(Asp. Sheet 방수)+터널(ECB 방수) 이질 재 접합, 방수 → 특허 문제

5) **연결** – Diamond Wire Saw 공법 → 기존 구조물 마감벽 연결 시 손상 방지 → 고가

Key note

15

댐
(댐=기본 + Con'c Dam + Fill Dam + 기타)

1 기본 = 요구 조건+고려 사항+유수 전환+기초 처리

(1) 요구 조건 – 안정, 차수 　　　　　 * 연약 지반 문제점 – 안정, 침하

1) 안정 – 내하력 증대 ⎡ ↓변위 억제
　　　　　　　　　　 ├ → 활동 파괴 방지 ⎫ Consolidation Grouting
　　　　　　　　　　 ⎣ ↑지지력 증대 　 ⎭

2) 차수 – 수밀성 증대 ⎡ ↓누수량 억제
　　　　　　　　　　 ├ → Piping 방지 ⎫ Curtain Grouting
　　　　　　　　　　 ⎣ ↑양압력 경감 　 ⎭

(2) 고려 사항 – 일반, 특수

1) 일반 ⎡ 지반 조건 – 지형, 지질
　　　　├ 시공 조건 – 공기, 공비
　　　　├ 구조물 조건 – 규모, 형식
　　　　⎣ 환경 조건 – 수질, 생태

　* 유수 전환 시설 ⎡ Con'c 댐 → 월류 피해 小 → 1~2년 빈도 홍수량
　　 설계 홍수량 　 ├ CFRD → 월류 피해 小 → 2~5년 빈도 홍수량
　　　　　　　　　├ 소규모 댐 → 비홍수기 시공 가능 → 5~10년 빈도 홍수량
　　　　　　　　　⎣ Fill Dam → 월류 피해 大 → 20~25년 빈도 홍수량

　* 본댐 설계 홍수량 → 가능 최대 홍수량

2) 특수(댐) ⎡ 수리 수문 조건 – 강우량/빈도
　　　　　　⎣ 3총사 – 오백수 ⎡ 오탁 방지망 – 오염
　　　　　　　　　　　　　　　├ Back Water – 이주
　　　　　　　　　　　　　　　⎣ 수리권 검토 – 영향

(3) 유수 전환(전류공) – 설계, 분류, 처리, 사례

1) 설계

① 설계 홍수량 결정

② 유수 전환 방식의 검토

③ 가체절 및 가배수로 규모 및 형식 검토

④ 시공 계획 적정 여부 검토

⑤ 유수 전환 시설 계획 확정

2) 분류 – 가물막이 + 물돌리기

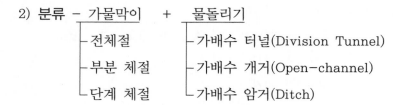

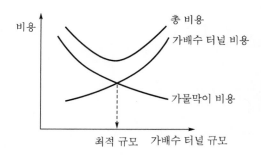

구분	전체절	부분 체절
하폭	좁음	넓음
유량	많음	적음
단점	공기/비↑	시공 제약

▶ 가배수 터널 최적 규모 그래프

Key note

3) 처리

① 유용 – 여수로

② 폐쇄

㉮ 시기 – 갈수기

㉯ 방법 ┌ 가배수 터널 – Plug 방식 – Lining Con'c 제거 후 충전 또는 유지 충전
         └ 가배수 개거 – Gate, Stoplog

㉰ 길이 ┌ 전단 응력
         ├ 활동 조건
         └ 폐쇄 주변 고정

4) 사례

① 유용

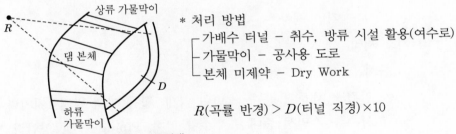

* 처리 방법
┌ 가배수 터널 – 취수, 방류 시설 활용(여수로)
├ 가물막이 – 공사용 도로
└ 본체 미제약 – Dry Work

R(곡률 반경) $> D$(터널 직경)$\times 10$

▶▶ 가배수 터널 여수로 활용 – 용담댐

Intergrated Coffer Dam(본댐으로 활용(통합))

▶▶ 가물막이 본댐 활용 – 이란 카룬댐

② 설변 – 가물막이 규모 증가 – 말레이시아 Bakun Dam

원주민 벌목 → C(유출 계수)↑ → Q(유출량 = $CIA/3.6$)↑

→ 가물막이 규모↑ → 공기, 공비↑

(4) 기초 처리 – 시공 흐름, 지반 처리, 기초 처리, 환경 문제

1) 시공 흐름

지질 조사 → 굴착 범위 결정 → 기초 굴착 → 암반 조사 → Lugeon Test
→ Grouting 설계/시공 → Lugeon Test → Grouting 효과 판정

* Lugeon Test – $1Lu = 1 \times 10^{-5} cm/sec$

┌ 정의 : $Lu(cm/sec) = 10Q/PL$
│   여기서, Q : 주입량(l/min), P : 주입압(kg/cm^2), L : 시험 길이(m)
├ 목적 : 암반 성질 및 투수성, Grouting 설계 및 효과 판정
└ 한계 : 25Lu 이상 시 신뢰성 저하

2) 지반 처리

① 암반 – 풍화토 제거 – 기초 처리 Grouting

② 사력 – 침투수 억제 및 배제

③ 토사 – 지반 개량 – 지치고탈다

3) 기초 처리

① 목적

㉮ 안정 – 내하력 증대 – 변위 억제, 활동 파괴 방지, 지지력 증대

㉯ 차수 – 수밀성 증대 – 누수량 억제, Piping 방지, 양압력 경감

② 문제 – 내공 불확실(내구 수명 짧고, 공해, 불확실성(개량 심도/효과))

③ 분류

㉮ Con'c Dam ┌ 안정 – Consolidation G.(압밀, 망상주교)
            └ 차수 – Curtain G.(차수주교)

㉯ Fill Dam ┌ 안정 – Consolidation G.
           ├ 차수 – Curtain G.
           └ 누수 – Blanket G.

④ 차이점 - 목위배심주개

▶ Cutain과 Consolidation Grouting 차이점

구분	Curtain G.	Consolidation G.
목적	수밀성↑	내하력↑
위치	Dam 상류측	기초 전면
배치	병풍형(1~2열)	격자형
심도	$d = H/3 + C$ 여기서, H : 댐고, C : 8~25m	$d = 5$m
주입 재료	Asphalt, 물유리, 고분자계	시멘트계
개량 목표	Con'c(1~2Lu), Fill(2~5Lu)	Arch(2~5Lu), Gravity(5~10Lu)

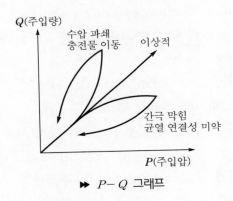

▶ $P - Q$ 그래프

4) 환경 문제 - Cr^{6+}

① 문제 ┌ 인적 - 피부 질환, 발암 물질
       └ 물적 - 토양 오염, 수질 오염

② 원인 - Cement Grouting 시 Cr^{6+} 발생

③ 대책 ┌ 재료 - 고로 Slag Cement, Soil Crete, $Fe(Cr^{6+} \rightarrow Cr^{3+})$
       └ 장비 - Slime 최소화 장비 개발
              * 환경 오염 고소한다.

2 Con'c Dam = 분류+시공

* 평화의 댐 CFRD, 소양강댐 RFD, 충주댐 Con'c, 한탄강댐 RCCD

* 형상 계수 = 길이/높이

	4	6
Arch	중력	중공 중력

(1) 분류 – 형식, 시공

1) 형식 – 중력식, 중공 중력식, Arch식, 부벽식

2) 시공

① 재래식 – Mass Concrete

② RCCD(Roller Compacted Con'c Dam)

㉮ 분류 – 롤러 다짐 콘크리트 종류

- RC(Rollcrete)
- RCD(Roller Comp. Dam Con'c)
- RCC(Roller Comp. Con'c)

* 다짐 함수비 비교 :

RCD < RC(최적 함수비) < RCC

㉯ 원리 – 콘댐 장점(불투수)+필댐 장점(시공성) → Slump = 0 빈배합

$$(C : 120\text{kg/m}^3) \text{ Con'c 다짐} \rightarrow \text{본체 형성}$$

* 부배합 – $C = 300\text{kg/m}^3\uparrow$, 수화열↑, 고강/성/유동, 수중, 한중

빈배합 – $C = 250\text{kg/m}^3\downarrow$, 강도↓, RCD, 속채움, 버림, 서중

㉰ 구성 요소 및 시공 순서

구분	재래식	RCCD
운반	Cable Crane	Cable Cr.+D/T
포설	Bucket	Bulldozer
다짐	내부 진동기	진동 롤러
양생	Cooling M.	불필요
이음	거푸집 이용	이음 절단기

두께 – Scale Effect, 0.3~0.7m
횟수 – 과다짐, 1회 무진, 3회 진동
속도 – 다짐 효율, 1km/hr 이하

* 품질 시험

현장 밀도 RI
반죽 질기 VC

㉱ 장점 – 공기 단축, W/B 감소

㉲ 단점 – 열화 균열, 경험 부족

W/B↓ → W↓(Con'c 측면, 내부), B↓(경제성↑, 수화열↓), …

투수 계수 : RCCD $1 \times 10^{-6}\text{cm/sec}$ > 일반 Con'c $1 \times 10^{-9}\text{cm/sec}$

(2) 시공 – 이음, 양생   * 이음 : Con'c(신수시콜), CCP(팽수시콜)

1) 이음

① 기능성 – 수축 이음 ┌ 가로 이음(누수) – 금속(동, 스테인리스), 고분자
                   └ 세로 이음(안정) – Shear Key

② 비기능성 – 시공 이음 ┌ 경사 이음
                      └ 수평 이음   * 1Lift = 1.5m

2) **양생** – Cooling Method

① Pre-cooling(선행 냉각)

㉮ 혼합 전 재료 냉각

㉯ 혼합 중 Con'c 냉각

㉰ 타설 전 Con'c 냉각

* 혼합 전 재료 냉각	2℃↓	4℃↓	8℃↓
(Con'c 1℃↓ 위해)	골재	물	시멘트
		(가장 효과적)	

② Post-cooling

㉮ 양생 방법 변화

㉯ Pipe-cooling(관로 냉각) – Pipe(직경, 간격), Cool(통수 온도, 기간, 양)

Key note

3 Fill Dam = (요구 조건)+분류+시공

(1) 요구 조건

성토 ┬ 전단 강도 – 大   + 필터 ┬ 기능 – 배수 원활 및 토립자 유출 방지
     ├ 공학적 성실 – PI $<$ 10, CBR $>$ 10   └ 규정 – (4~5)D15 $<$ F15 $<$ (4~5)D85
     ├ Trafficability – 지지력 $>$ 접지압
     ├ 입도 – 양호, Cu(자식사랑은 모유), 1 $<$ Cg $<$ 3
     └ 지지력 – 소요 지지력 확보

(2) 분류 – 재료적, 구조적

1) 재료
   ① Earth Fill Dam – 흙이 50% 이상
   ② Rock Fill Dam – 암이 50% 이상

2) 구조
   ① 균일형 – 80% 이상 불투수성 흙
   ② 심벽형 ┬ Core형($H > B$) – 경사, 차수 심벽
           └ Zone형($H < B$)

$H =$	50m		100m
	균일형	차수벽형	심벽형

   ③ 차수벽형 – 표면 차수벽 댐   FRD(Faced Rockfill Dam)
     ㉮ 분류 – 재료적 – Con'c, Asphalt, Steel+FRD
     ㉯ 구조 – 단면도 및 3단 지수
     ㉰ 순서 – 기초 처리 – Plinth – 암석공 – 선택층 – 차수벽 지지층 – 차수벽
               – Parapet – Joint
     * 평화의 댐 : 급속 시공(시간 제약) – 다짐 불충분 – 부등 침하 – 공동 발생
                 – 외력 증가 – 표면 차수벽 균열!!

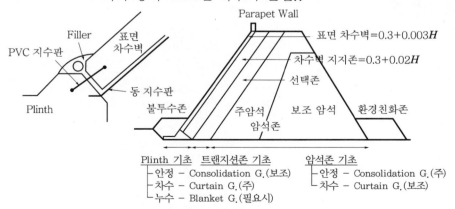

▸ CFRD 단면도 및 3단지수 모식도

(3) 시공 - 성토(다짐), 법면(안정)

1) 성토 - 다짐 - 특효를 규제하는 공장

* OMC - 일정한 작업량에서 흙이 가장 잘 다져질 때의 함수비

① 원리

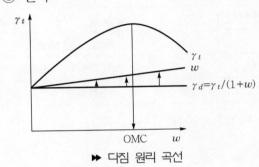

▶ 다짐 원리 곡선

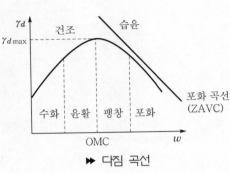

▶ 다짐 곡선

② 특성

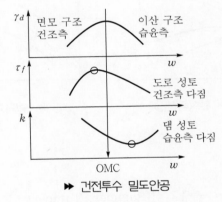

▶ 건전투수 밀도안공

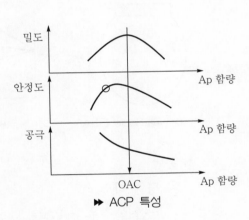

▶ ACP 특성

③ 효과 - 다짐 효과에 영향을 주는 요인이 뭐에유? - **함토에유**

┌ 함수비 → 최적 함수비
│   ┌ 多 - Sponge - 다짐 곤란
│   └ 少 - Interlocking - 다짐 곤란
└ 유기물 함량 - 많을수록 효과 저하

토질/에너지
→ 과다짐

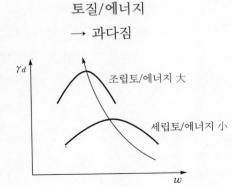

④ 규정

　㉮ 품질 규정(규정)

항목	기준	적용
강도	CBR, Cone 지수, k값	사질토, 암괴
변형량	P/R, 벤켈만빔 시험	노상, 시공 중 성토면
건조 밀도	γ_d	도로, 댐성토
포화도	85~95%	고함수비 점성토
상대 밀도	간극비	사질토

　㉯ 공법 규정 : 다짐 두께, 다짐도, 다짐 횟수

⑤ 제한 이유

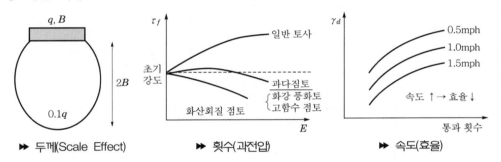

➤ 두께(Scale Effect)　　➤ 횟수(과전압)　　➤ 속도(효율)

⑥ 공법

　㉮ 평면 다짐

　　┌ 좁은 경우 – Plate Type – 충격식(Rammer, Tamper)
　　└ 넓은 경우 – Roller Type – 진동식(사질토), 전압식(점성토)

　㉯ 비탈 다짐

　　┌ 피복토 설치 ○ – 부슬부슬한 흙 – 사질토, 비점착성 흙, 침식성 흙
　　└ 피복토 설치 × – 기계 다짐(Winch+Roller), 더돋기 후 절취, 완경사 후 절취

⑦ 장비

2) 법면

① 보호 공법 – F_s 유지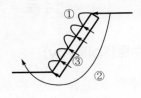

㉮ 도로 ┬ 식생공 – 전면 식생, 부분 식생,

                  부분 객토 식생

        └ 구조물공

㉯ 댐 ┬ Earth Fill Dam – 상류(안정, Con'c 블록), 하류(미관, 식생공)

      └ Rock Fill Dam – 상류(안정, 파랑에 안정한 사석), 하류(미관, 장석)

㉰ 하천 ┬ 비탈 덮기공

        └ 비탈 멈춤공

② 안정 공법 – F_s 증가($F_s = \tau_f / \tau$)

                                                  $\tau_f = c + \sigma' \tan\phi$

┬ $\tau_f \uparrow$ – 영구 대책(억지공) – S/N, E/A   ┌ $c \uparrow$: Grouting

└ $\tau \downarrow$ – 임시 대책(억제공) – 배토공, 성토공   │ $\sigma \uparrow$: 앵커

                                                  │ $u \downarrow$: 지하수 $\downarrow$

                                                  └ $\phi \uparrow$: 다짐

③ 다짐 공법

㉮ 피복토 설치 – 부슬부슬 – 사질토, 비점착성 흙, 침식성 흙

㉯ 피복토 미설치 – 성토 다짐 – 기계 다짐, 더돗기 후 절취, 완경사 후 절취

Key note

4 기타 = 여수로 + 댐 계측

(1) 여수로(Spillway)

댐 수위 조절을 위한 수로 – 접근하기 힘든 조도 감방

1) **접근 수로** : 저수지~조절부

2) **조절부** : 저수지의 방류량 제어

3) **도류부** : 조절부~감세공 시점

4) **감세부** : 감세용 구조물

5) **방수로** : 감세부에서 하천 하류에 이르는 수로

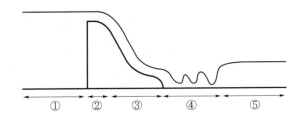

(2) 댐 계측 – 내적, 외적, 기타

1) **내적** – 제체 ┌ Fill Dam – 활동, 침투 ; 침하계, 지중 수평 변위계, 토압계,
　　　　　　　　　　　　　　　　　 간극 수압계, 누수량계(침투)
　　　　　　　　└ Con'c Dam – 균열, 누수 ; 응력계, 온도계, 변위계, 누수량계

2) **외적** – 지반 – 차수, 양압력 ; 간극 수압계, 양압력계

3) **기타** – 지진 ; 지진 가속도계

하천
(하천 = 기본 수리 + 시설물 + 문제점)

* 우리나라 하천의 특성 – 유량 변동 계수 大, 감조 하천

1 기본 수리 = 흐름+관련식

(1) 흐름

1) 시간 – 정류, 부정류

2) 공간 – 등류, 부등류

3) 중력(F_r) – 상류, 사류

4) 층(R_e) – 층류, 난류

$$F_r = V/\sqrt{(gD)}, \ F_r > 1 \ 사류, \ F_r < 1 \ 상류$$

구분	개수로	관수로
층류	$R_e < 500$	$R_e < 2,000$
난류	$R_e > 1,000$	$R_e > 4,000$

(2) 관련식

1) 연속 방정식 $Q = AV = A'V'$

2) 에너지 방정식 $\dfrac{P}{\gamma} + \dfrac{V^2}{2g} + Z = 일정$

3) 운동량 방정식 $P = \dfrac{1}{2}\rho V^2 A$

> * 만닝 공식 $V = I^{\frac{1}{2}} R^{\frac{2}{3}}/n$
> (개수로 평균 유속, 동수 경사, 경심, 조도)

2 시설물 = 호안+제방+수제+보+하상 유지공

(1) 호안(제방 비탈 보호 시설) – 기능, 분류   * 유속 3m/s 이상 시 설치

1) 기능

유수에 의한 제방 및 하안의 침식 억제

2) 분류

① 종류

㉮ 치수 ─┬─ 저수 호안 – 저수로 난류 방지, 고수 부지 세굴 방지
　　　　├─ 고수 호안 – 홍수 시 비탈면 보호
　　　　└─ 제방 호안 – 제방 직접 보호

㉯ 환경 ─┬─ 친수/하천 이용 – 완경사, 계단 호안
(자연형)├─ 생태계 보전 – 어류, 곤충 보전 호안
　　　　└─ 경관 보전 – 녹화, 조경 호안

② 호안 구조

㉮ 비탈면 덮기공

㉯ 비탈면 멈춤공

㉰ 밑다짐공

㉱ 밑다짐 수제공

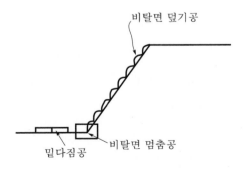

(2) 제방(물막이 둑) - 기능, 분류, 법선, 누수

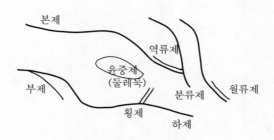

▶ 제방 모식도(평면도)

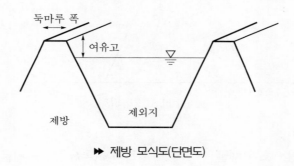

▶ 제방 모식도(단면도)

1) 기능

유수 제어+유수 소통 원할

2) 분류

① 본제, 부제

② 월류제, 역류제, 분류제

③ 윤중제

3) 법선

① 정의 : 앞비탈 끝선 가로 방향 연결선

② 방향 : 유수 방향과 일치

③ 단면 : 급확대, 급축소 ×

④ 평면 : 심한 만곡 ×

4) 누수

① 물이 비탈면에 미치는 영향

㉮ 강우 ┌ 표면 유출
     └ 제체 침투 ┐ 침윤선 상승 - 투수성 증가 - 간극 수압↑
㉯ 수위 ┌ 제체 침투 ┘ - 강도↓ - 비탈면 붕괴 포화도 상승
  상승 └ 지반 침투

② 제방 파괴 - 월류, 세굴, 사면 활동, 누수, 침하

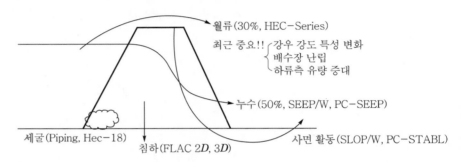

* Piping

┌ 원인 - 초기 세굴 → L↓ → i↑ → $v(=ki)$↑ → 세굴 가속화 → 제체 붕괴
├ 대책 - $F_s = i_c/i$에서, i↓ → h↓(수두차↓), L↑(제체 길이↑, 차수벽 설치)
└ 검토 ┌ 물막이 - 한계동수경사법($F_s = i_c/i > 2$, $i_c = (G_s-1)/(1+e)$), 간극 수압법
     └ 제방댐 - Lane Creep Ratio($CR = (\Sigma l_h/3 + \Sigma l_v)/\Delta h$), 간극 수압법

③ 제방 누수

㉮ 원인 ┌ 자연 - 지반 ┌ 내적 - 파쇄대, 수용성 물질 존재, 동물 이동 경로
     │   └ 외적 - 수위 상승
     └ 인위 - 제체 ┌ 설계 - 사면 경사 大, 폭 小
               ├ 재료 - 투수성 재료
               ├ 시공 - 다짐 불량
               └ 유지 관리 - 배수 불량

㉯ 대책 ┌ 누수 차단 - Sheet Pile, Grouting, Con'c 피복, 지수판
     └ 누수 처리 ┌ 침윤선 낮게 - 제방 폭 크게
             └ 침투수 배제(배수정, 배수공), 침투수 저감(수위 저하)

(3) 수제(횡방향 제방) – 기능, 분류

1) 기능

유속 감소(침식 방지)+유수 방향 전환

2) 분류

① 구조

㉮ 투과수제

㉯ 불투과수제 – 월류, 비월류

㉰ 혼용수제

② 방향

㉮ 횡수제 – 상향, 직각, 하향수제

㉯ 평행수제

* 물의 흐름에 횡방향으로 설치하여
물의 흐름을 전향 또는 도류

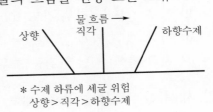

* 수제 하류에 세굴 위험
상향 > 직각 > 하향수제

(4) 보(수중 가로보) – 기능, 분류

1) 기능 – 수위 유지+취수+조류 역류 방지

2) 분류 ┌ 목적 – 수위 유지보, 취수보, 방조보
　　　　 └ 구조 – 가동보, 고정보

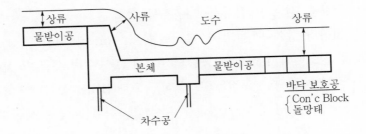

(5) 하상 유지공(하천 바닥 유지공) – 기능, 분류

1) 기능 – 하상 세굴 방지+하상 경사 완화

2) 분류 – 50cm 이상(낙차공), 50cm 이하(대공)

* 하상 유지공의 구조 = 본체+물받이+바닥 보호공

3 문제점 = 세굴+홍수

(1) 한국 하천의 수문학적 특수성 – 4대강 관련

1) 호우 집중 – 연간 강수량의 2/3 우기철 집중

2) 강우 강도 – 강우 강도 100 → 150mm/hr

3) 하상 계수 – Q_{max} / Q_{min} = 100단위(외국 10단위)

4) 지역 특색 – 남부(집중 호우), 중부(누적 강우)

(2) 세굴($Q = VA$) – 분류, 대책, 세굴 심도

1) 분류

① 시간

㉮ 단기 ┌ 국부 세굴 – 장애물 존재 – 흐름 가속화, 와류 – 하상 전단 응력↑ – 평형
         └ 수축 세굴 – A↓ – V↑ – 하상 전단 응력↑ – 세굴 – A↑ – V↓ –
            하상 전단 응력↓ – 평형

㉯ 장기 – 횡방향으로 유로 이동

② 퇴적

㉮ 정적 세굴 – 세굴 : 상류, 청정수

㉯ 동적 세굴 – 세굴+퇴적 : 하류, 혼탁수

2) 대책

① 작용력 감소 – 상류측에 구조물 설치

② 저항력 증가 – 돌망태, Con'c 블록, Sheet Pile

3) 세굴 심도=장기 하상 변동량+국부 세굴량+수축 세굴량＊세굴 심도 – 장터 국수

① 국부 세굴량 : 교각(CSU 공식), 교대(HIRE 공식)   ＊교량 세굴 : 단기+장기 세굴

② 수축 세굴량 : 상류(청정수 세굴량), 하류(혼탁수 세굴량)

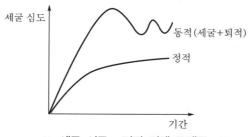

▶ 세굴 심도 – 기간 관계 그래프

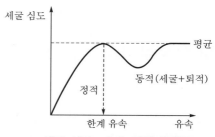

▶ 세굴 심도 – 유속 관계 그래프

(3) 홍수($Q = CIA/3.6$) – 홍수 계획, 방어 능력, 제어 대책, 4대강

1) 홍수 계획

① 제방

㉮ 여유고 ┬ 정의 – 제방의 계획 홍수량 안전 소통을 위한 여분의 높이

　　　　　└ 산정 ┬ 간이법

계획 홍수량(m^3/s)	200	500	2,000	5,000	10,000
여유고(m)	0.6	0.8	1.0	1.2	1.5	2.0

　　　　　　　　└ 상세법 – 안전율 및 하천 지반 변화 고려

② 교량

㉮ 경간장 ┬ 원칙적 – 하천 폭 이상

　　　　　├ 산정식 – 경간장 $L(m) = 20 + 0.005Q$(계획 홍수량, m^3/s) ≤ 70m

　　　　　└ 차선책 – 하천 폭 감소율 = (Σ교각 폭/수면 폭) ≤ 5%

2) 방어 능력

① 내적 – 제체 자체 안정성

② 외적 – 제방 규모 적정성 – 제방고, 제방폭, 사면 경사

3) 제어 대책

① 기술적(구조적)

㉮ 유출량 최소화($Q = CIA/3.6$)

　┌ $C\downarrow$ – 투수성 포장, 식생공, 녹화

　└ 도달 시간 지연 – 사방댐, 지하댐, 유수지(홍수 조절용 댐)

㉯ 통수능 극대화($Q = VA$)

　┌ $A\uparrow$ – 제방고$\uparrow$, 준설(하상)$\downarrow$

　└ Super 제방 – 제외측 경사 1:4, 제방 폭 : 제방고 = 30:1

② 제도적(비구조) – System(예/경보, 운영), 법(관련법), 예산(확보), 보험(홍수)

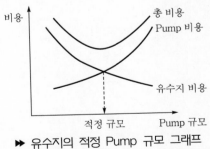

▶ 유수지의 적정 Pump 규모 그래프

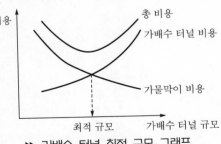

▶ 가배수 터널 최적 규모 그래프

4) 4대강

　　① 추진 배경

　　　　㉮ 물 부족 – 1인당 강수 총량 과소(2,590ton, 세계 평균 1/8), 강우 일수 감소
　　　　㉯ 물 피해 – 강우 집중(여름철) 및 피해 복구비 증가

　　② 추진 방안

　　　　㉮ 3대축 ┬ 신성장 동력
　　　　　　　　　├ 경제 활성화
　　　　　　　　　└ 수자원 확보

　　　　㉯ 5대 실천 전략 ┬ 신규 수자원 확보 ＋ ┬ 여가 문화 공간 활용
　　　　　　　　　　　　├ 수질 개선　　　　　　└ 홍수 조절 능력 향상
　　　　　　　　　　　　└ 지역 발전

5) 돌발 홍수

　　① 정의 – 국지성 집중 호우로 유발된 토석류를 포함한 급작스런 홍수
　　② 문제 – 1차(구조물 충돌 피해), 2차(침수 피해)
　　③ 원인 – 기상학적(집중 호우), 지형학적(산악 지역+방사형 유역)
　　④ Mech – 국지성 집중 호우+경사 급한 계곡 → 유량↑ → 하천 수위↑ →
　　　　　　　토석류 포함 큰 파고 → 하천 범람
　　⑤ 대책 – 구조적(댐, 제방 건설), 비구조적(S, 법, 예, 보)

Key note

상하수도관
(상하수도관 = 기초 + 파괴)

---

1 기초

(1) 강성 – 침하(부등 침하)

   * 지하 매설관 형태 및 Arching Effect 모식도(돌출관, 매설관)

(2) 연성 – 침하+관체 보호

---

2 파괴

(1) 내적

   강성 부족, 이음부 응력 집중

(2) 외적

   ┌ 지반 – 상재압, 토피압, 기초 파괴
   └ 지하수 – 지반 연약화, 강관 부식
     * 지하 수위 상승 – $u \uparrow - \sigma' \downarrow - \tau_f \downarrow$

18

항만
(항만 = 특수성 + 시설물 + 준설 · 매립)

---

1 특수성 - 기준면, 해상 조건

좌측	우측	유형	문제점
×	흙	흙막이(강성, 연성)	토압, 수압 → 배수 문제
×	물	물막이(하천, 해양)	수압, 수두차 → Piping
물	흙	접안 시설(안벽)	소요 수심, 잔류 수압
물	물	외곽 시설(파제)	소파공, 정온도

(1) 기준면 – DL(Datum Level)

(2) 해상 조건 – 파, 조류, 특성

  1) 파

    ① 지진 – 쓰나미

    ② 바람 – 풍파 → 파 $\begin{cases} 고(H) \\ 장(L) \\ 주기(T) \end{cases}$ → 파압 → 소파공(외곽 시설)

  2) 조류 – 석류차

    조석 → 조류 → 조차 → (투수 계수) → 잔류 수위 → (구조물) → 잔류 수압(접안 시설)

  3) 특성

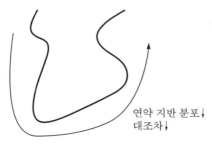

▶ 연약 지반과 대조차 분포

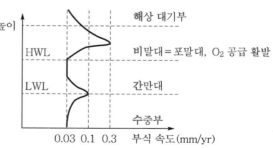

▶ 해수 영향 그래프(구조물 위치와 침식 작용)

2 시설물 – 계류 시설, 외곽 시설, 수역 시설

* 항만 시설물 – 해양 Con'c/복합 열화/옹벽 유형(안정, 설계)

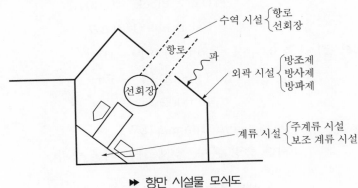

▶▶ 항만 시설물 모식도

(1) 계류 시설 – 분류, 조건, 특성

1) 분류

① 주계류 시설(접안 시설)

㉮ 거리 – 물양장＜안벽＜잔교식＜Dolphin＜SPM(Single Point Mooring) or DPM

㉯ 형식

┌ 안벽식 –│Con'c 중력식 –│Con'c Block식 –│Solid – 내부 Con'c 채움
└ 잔교식　│널말뚝식　　│Caisson식　　│Cellular – 내부 모래, 잡석 채움

② 보조 계류 시설 – Fender, Bollard(곡주, 직주)

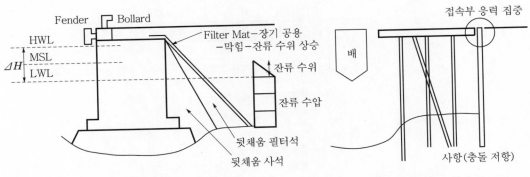

▶▶ 안벽식 접안 시설 모식도　　▶▶ 잔교식 접안 시설 모식도

2) 조건

안벽의 조건 = 내적(잔류 수압)+외적(소요 수심)

① 내적(흙) – 잔류 수압
- 일반 구조물 : $(1/3 \sim 2/3) \Delta H$
- Con'c Block : $(1/3) \Delta H$
- Caisson : $(1/2) \Delta H$

② 외적(물) – 소요 수심
- 20,000DWT – 11m
- 30,000DWT – 12m
- 40,000DWT – 13m

* Deadweight Tonnage(DWT)

재화 중량 톤수, 적재 가능 화물 중량

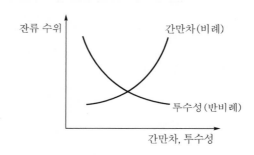

3) 특성

① 하이브리드 안벽

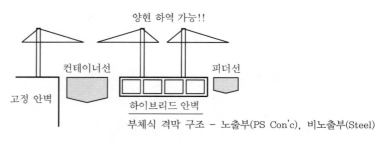

양현 하역 가능!!

고정 안벽   컨테이너선   하이브리드 안벽   피더선

부체식 격막 구조 – 노출부(PS Con'c), 비노출부(Steel)

정의 – 부체식 이동 가능 안벽 ┌ ↓ 적하역 장비
구성 – 부유 구조체 + System ┤ → 계류
                              └ ↑ 위치 제어
장점 – 물동량 大, 대형 선박 적합
단점 – 경험 부족, 충돌/열화/유지 관리 문제

▶▶ 하이브리드 안벽

② <u>Caisson식 구조물</u> - 진수, 운반, 거치

　　㉮ 순서 ┬ 구체공(육상) - 제작 → 진수 → 운반 → 거치 → Con'c(저/속/상)
　　　　　　│　　　　　　　　　→ 뒷채움(사석/필터석/토사공)
　　　　　　│　* 거치 - 운반 전후, 기간, 정온도 고려 ┬ 단기 - 계류 가설
　　　　　　│　　　　　　　　　　　　　　　　　　　└ 장기 - 침설 가설
　　　　　　└ 기초공(해상) - 기초 준설공(준설/운반/매립)+기초 사석공(투하공
　　　　　　　　　　　　　　　/고르기공)

　　㉯ 진수 ┬ 해상 크레인 사용 ○ ┬ 설악호 - 2,000톤
　　　　　　│　　　　　　　　　　├ 삼호호 - 2,000톤, 3,000톤
　　　　　　│　　　　　　　　　　└ 삼성호 - 3,000톤, 3,800톤(삼성 2호)
　　　　　　└ 해상 크레인 사용 × ┬ 선박 시설 ┬ 건선거(Dry Dock)
　　　　　　　　　　　　　　　　　│　　　　　├ 부선거(Floating Dock)
　　　　　　　　　　　　　　　　　│　　　　　│ - 제주 외항(5,000톤, 5,500톤)
　　　　　　　　　　　　　　　　　│　　　　　│ * DCL - 부선거 한쪽 물탱크에
　　　　　　　　　　　　　　　　　│　　　　　│　　　　주수 → 경사 진수
　　　　　　　　　　　　　　　　　│　　　　　└ Syncro Lift
　　　　　　　　　　　　　　　　　└ 지형 지물 - 경사로, 사상 진수

　　㉰ 운반 ┬ 직접 - 운반선에 의한 방법 - 바지선
　　　　　　└ 간접 - 예인선에 의한 방법 - Tug Boat

　　㉱ 거치 - 해상 크레인, Winch+Anchor

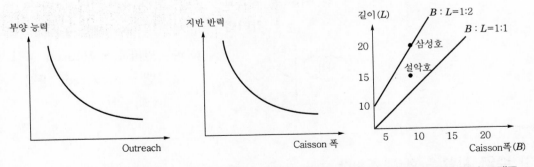

▸▸ Outreach - 부양 능력 그래프　　▸▸ 케이슨 규모에 따른 부양 능력, 적정 해상 크레인 선정 그래프

(2) 외곽 시설 - 분류, 조건

1) 분류

① 지반 양호 - 직립제

② 지반 불량 - 경사제 → 정온도 불량 → 혼성제

구분	경사제	직립제	혼성제
모식도			
정온도	낮음	높음	높음
해상 오염	유리	불리	불리
지반 적응	양호	불량	양호
재료	구득 난이	용이	용이
장비	소형	대형	대형

* 제주 외항 서방파제
┌ 정온도 - 곡면 Slit,
│   음향 효과
└ 해상 오염 - 해수 순환
              방파제

2) 조건

① 내적(물) - 정온도 - 파고 0.5m 이내

② 외적(물) - 소파공 ┬ 피복석 ┬ 자연 - 사석($1m^3$ 이하)
　　　　　　　　　　　 │　　　　 └ 인공 - 테트라(4)포드, 헥사(6)포드
　　　　　　　　　　　 └ Block ┬ 소파 Block
　　　　　　　　　　　　　　　　 └ 유공 Caisson식

　　　* 사석 안정 중량 ┬ 정밀법 - 모형 실험 - 수치적, 수리적
　　　　　　　　　　　　 └ 간이법 ┬ ⓐ 세굴 - 물막이, 제방 - Isbash 공식
　　　　　　　　　　　　　　　　　 └ ⓑ 파 ┬ 방파제 - Hudson 공식
　　　　　　　　　　　　　　　　　　　　　 └ 댐 - Stevenson 공식

(3) 수역 시설 - 항로, 선회장

3 준설 · 매립 – 준설 분류, 준설 선단

준설 공사 = 준설+운반+매립

(1) 준설 분류 – 개발 준설, 유지 준설

   1) 개발 준설 – 신항만 → 매립, 호안

   2) 유지 준설 – 기존 항만 → 고형화 → 외해 투기

(2) 준설 선단 = 준설선+끌배/토운선+양묘/연락선

   1) 기본

     ① 요구 조건 – 내구성, 안정성, 정비성, 범용성+경제성

     ② 고려 사항 – 토질 조건, 준설 능력, 준설 심도, 사토 방법

     ③ 작업 능력

       ㉮ 작업 능력 $Q = C \cdot E \cdot N$

          여기서, Q : 작업 능력(m^3/hr)

                 C : 작업량(1회당)

                 E : 작업 효율 = E_1(작업 능률 계수)$\times E_2$(작업 시간율)

                 N : 작업 횟수(시간당)

구분	C	E	N
Shovel계	$q \times k \times f$	$E_1 \times E_2$	$3,600/C_m$
Dozer계	$q \times f$		$60/C_m$
Ripper계	$A \times l$		$60/C_m$

q : 버킷 용량
k : 버킷 계수
f : 토량 환산 계수

       ㉯ 시공 효율

작업 효율 = $E_1 \times E_2$
가동률
시간 효율

향상 방안 ⟶ 내적 ┌ 인적 – 숙련공, 의욕 고취
                            └ 물적 – 신형 기계, 유지 관리
            외적 – 천후 관리, 장비 조합, Trafficability 등

2) 분류

① Mechanical Type − Dipper, Bucket, Grab → $Q = C \cdot E \cdot N$

② Non−Mechanical Type(= Hydrauric Type) − Pump, Hopper

→ $Q = b_0 \cdot E \cdot q/1,000$

여기서, q : 시간당 준설량, b_0 : 전동 환산 마력

3) 중요 − 오탁 방지막, 여굴/여쇄, 유보율

① 여굴 및 여쇄

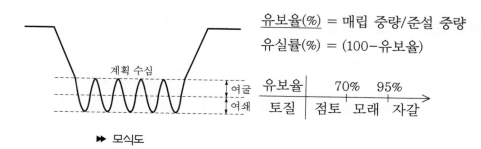

유보율(%) = 매립 중량/준설 중량

유실률(%) = (100−유보율)

▶▶ 모식도

흐름 −

| 계획 수심 | 여유 굴착 → | 여굴 | 쇄암선 → | 여쇄 |

파랑+만재 흘수
+해저질 고려

저면 여굴(두께) : 0.5~1.0m
사면 여굴(여폭) : 2.0~6.5m

두께 : +0.8m
여폭 : +2.0m

Key note

4) 사례

① 해사 준설을 통한 단지 매립 사례

  ㉮ 현장 개요 – 시화호 내 280만평 생태 단지 조성, 공기 – 2007~2015년

  ㉯ 시공 순서 –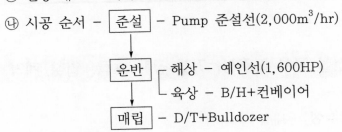

  ㉰ 시험 준설 ┌ 장비 ┌ 효율적 장비 조합 검토
  │   └ Trafficability 검토
  └ 매립 ┌ 매립재 품질 평가(유보율) * 설계 지진 규모 – 리히터 6.5 적용
        └ 액상화 검토 – 간편법(지진 응답 해석), 상세법(진동 삼축 시험)

② 송도 ○○공구 매립 현장 실패 사례

  ㉮ 개요

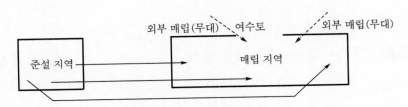

  ㉯ 문제 ┌ 초기 – 여수토부 통수 면적↓ → 유속↑ → 유실률↑
  └ 후기 – 여수토부 차단 → 부유토 미배출 → 연약 지반 형성 →
        지반 처리(추가 비용 25억)

  ㉰ 개선 ┌ 매립 계획 – 여수토 먼 곳 → 여수토측 매립(부유토 배출 단면 확보)
  └ 시험 준설 – 장비 조합, Trafficability, 유보율, 액상화 등

공사/시사
(공사/시사 = 기본 + 공사 관리 + 시사)

1 **기본 – 건설 공사 특수성, 건설 공사 흐름, 입찰/계약**

(1) 건설 공사의 특수성 – 대실수오자기

대형화, 실적 위주, 수명이 길다, Order-made(주문자 생산), 자연 환경 제약 크다,
기업간 격차 크다

(2) 건설 공사의 흐름 – 기설시유폐

LC(Life Cycle) = 기획+설계+시공+유지 관리+폐기 처분

* LCC(Life Cycle Cost) = I+M+R

(3) 입찰/계약 – 입찰 방식, 계약 방식   * 입찰 – 개찰 – 낙찰 – 계약

1) 입찰

① 경쟁 – 일반 경쟁, 지명 경쟁, 제한 경쟁

② 수의 – 특명 입찰

2) 계약

① 종전

㉮ 직영

㉯ 도급 ┬ 공사비 지불 – Unit Price, Lump Sum, Cost+Fee
          └ 공사 실시

② 최근

㉮ CM – 단계, 분류, 효과, CMr

┌ 단계 – Design, Procurement, Construction

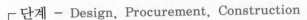
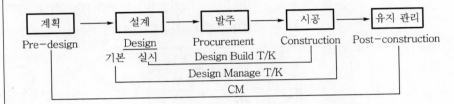

├ 분류 ┬ ACM – CM for Fee : 순수, 자문형
│   ├ GMPCM – CM at Risk : 책임, 위험형
│   └ OCM, XCM

├ 차이

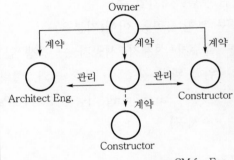

구분	CM for Fee	CM at Risk
성격	순수, 자문형	위험, 책임형
분류	ACM	GMPCM
비용	1.5~2.5%	3~7%
책임	×	○

├ 효과 ┬ 우선적 – 공정↓(Fast Track), 원가↓, 품질↑
│   └ 부가적 – 민간 우수 기술력 활용, S/W 도입

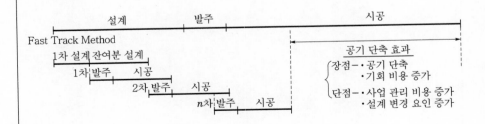

▶ CM의 Fast Track Method 공기 단축 효과

└ CMr ┌ 시간적 – 과거+현재+미래 ┐ 업무 연결 관리자(Coordinator)
         └ 공간적 – 기술+경영   ┘

㉯ SOC – 분류, 차이점   * Own, Operate, Transfer, Lease

┌ 분류 ┌ 종래 – Build – BOT, BOO, BOOT, BTO, BTL
│   └ 최근 – Rehabilitation – ROT, ROO, ROOT, RTO, RTL
└ 차이 –

구분	BTO	BTL
운영	민간	정부
책임	민간	정부
소유	정부	정부
수익	이용료	임대료

* BTL ┌ 특징 – 건설사 선호, 경쟁 치열
       ├ 장점 – 경제 활성, 서비스 선향유
       └ 단점 – 국민 부담, 대기업 주도

㉰ T/K – 단독 이행(공구 분할), 공동 이행(지분율)

㉱ Partnering ┌ 대상 – 발주처+설계자+시공자 → 경쟁 입찰 보다 가치,
              │   위험 관리 강조 → 상호 신뢰, 협력
              └ 분류 – 단기간 Partnering(시공), 장기간 Partnering(기획
                        → 시공)

㉲ PM

Key note

2   공사 관리 = 시공 계획+시공 관리+경영 관리

(1) 시공 계획 – 사기상관

1) 사전 조사 – 계약 조건, 현장 조건

　　* 조사 ┌ 공법 – 예비 조사, 현장 답사, 본 조사
　　　　　├ 문제점 – 발생 위치/시기, 발생 규모, 진행/관통 여부
　　　　　└ 사전 조사 – 계약 조건, 현장 조건

2) 기본 계획 – 개략 공사비, 개략 시공법

3) 상세 계획 – 상세 공사비, 상세 시공법

4) 관리 계획 – 하도급, 자재/인원/장비(재노경)

(2) 시공 관리 – 요소, 순, 수

1) 요소 – 목적물(공정/원가/품질 관리), 사회 규약(안전/환경 관리)

　　① 목적물 – 공정/원가/품질 관리

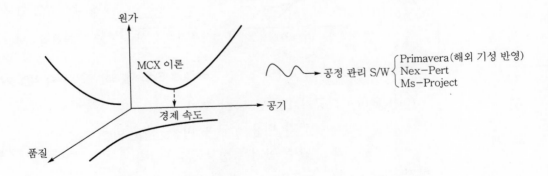

㉑ 공정 관리 – 기법 분류, 공기 단축, 발전 흐름, 진도 관리 지수

기법 분류 ┬ 횡선식 – Bar, Gantt chart
         ├ 사선식 – Banana curve, S-curve
         └ Network – PERT, CPM

구분	PERT	CPM
대상	신규 공사	반복 공사
중심	Event	Activity
이론	X	MCX
목적	공기 단축	공비 절감

공기 단축 ┬ 비용 증가 ○ – MCX(최소 비용 계획법, CPM 핵심 이론)
         │   → CS(Cost Slope, 비용 구배)
         └ 비용 증가 × ┬ 재검토 – 경로(CP), 기간
                      └ 재분배 – 잉여 자재, 인력

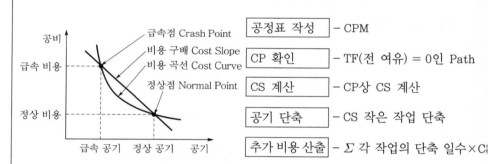

➤ Cost Slope 그래프   ➤ Cost Slope에 의한 공기 단축 작업 순서

* <u>Cost Slope</u> : 공기 1일 단축 시 추가 소요 비용

$$= \frac{\text{추가 비용}}{\text{단축 공기}} = \frac{\text{급속 비용－정상 비용}}{\text{정상 공기－급속 공기}}$$

발전 흐름 – Bar – Gantt – S-curve – PERT/CPM – ADM, PDM

진도 관리 ┬ 지수 ┬ 현상 지수(SI) = 진도 지수(PI)×비용 지수(CI)
         │   ├ 진도 지수(PI) = 실제 진도/예상 진도
         │   └ 비용 지수(CI) = 실제 비용/예상 비용
         └ 곡선 – Banana-curve

⑭ 원가 관리 – 기법 분류, 원가 절감

┌ 기법 분류 – VE, IE, LCC, MBO

├ 원가 절감 – 비용·일정 통합, 전산화, 생산성 향상, 가치 공학

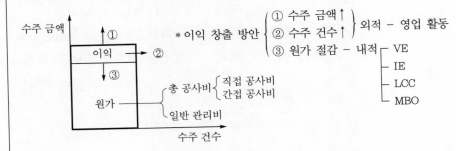

수주 금액

이익 → ②

원가

총 공사비 ┌ 직접 공사비
            └ 간접 공사비
일반 관리비

수주 건수

* 이익 창출 방안 ┌ ① 수주 금액↑
                    │ ② 수주 건수↑ ┤ 외적 – 영업 활동
                    └ ③ 원가 절감 – 내적 ┌ VE
                                            │ IE
                                            │ LCC
                                            └ MBO

▶ 이익 창출 및 원가 절감 방법 모식도

├ 비용·일정 통합 – EVMS, C/S CSC → EV(실행 예산)+분류 체계+CPM

* EVMS : Earned Value Management System

* C/S CSC : Cost & Schedule Control System Criteria

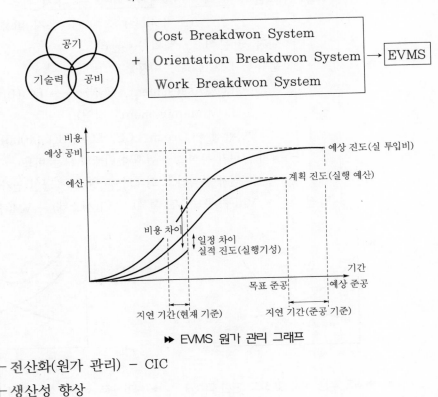

공기 / 기술력 / 공비

+

Cost Breakdwon System
Orientation Breakdwon System
Work Breakdwon System

→ EVMS

비용
예상 공비 ------- 예상 진도(실 투입비)

예산 ------- 계획 진도(실행 예산)

비용 차이

일정 차이
실적 진도(실행기성)

기간

목표 준공   예상 준공

지연 기간(현재 기준)   지연 기간(준공 기준)

▶ EVMS 원가 관리 그래프

├ 전산화(원가 관리) – CIC

└ 생산성 향상

└ 가치 공학(VE) – 개념, 분류, 가치, LCC

┌ 개념 – | 가치 평가 | → | 요구 조건 | → | 개선 노력 |
│   ├ 귀중, 사용   ├ 최소 LCC   ├ 설계
│   └ 교환, 역사   └ 소요 기능   └ 시공

├ 분류 ┌ 설계 VE(VEP) : 원가 절감+성능 개선 * Value Engineering Proposal
│   └ 시공 VE(VECP) : 원가 절감+설계 반영 * Value Engineering Change
│   Proposal

├ 가치 – $\dfrac{\text{F(예상되는 기능, 기능 Cost)}}{\text{C(예상되는 비용, 현상 Cost)}}$

$$= \frac{\uparrow}{\downarrow} \quad \frac{\rightarrow}{\downarrow} \quad \frac{\uparrow}{\rightarrow} \quad \frac{\rightarrow}{\uparrow} \quad \frac{\searrow}{\searrow}$$

        혁신형 가치 향상형 기능 향상형 NG   Spec Down
                        └───── VE ─────┘

├ LCC ┌ 흐름 – 기획 → 설계 → 시공 → 유지 관리 → 폐기 처분
│   │ I(초기 비용) M(유지 비용) R(교체 비용)
│   ├ 절차 – 분석 → 계획 → 관리
│   ├ 분류 ┌ LCC(Cost, 비용)
│   │   ├ LCA(Assessment, 환경) ┐
│   │   └ LCM(Management, 경영)   ┘ → LCI(Inventory, 목록)
│   │   * 환경 – Green LCC, LCA(ISO 14000)
│   └ 평가 ┌ 현가 분석법 – 현재와 미래의 모든 비용 → 현재 가치로 환산
│   └ 연가 분석법 – 화폐의 총 현가 → 균일 연가 비용으로 평균화
└ 발전 흐름 – VA(구매) – VE(설계) – VI(시스템) – VM(경영) – VS(사회)

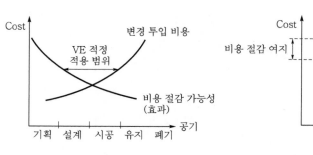

▶ VE 적용 시기 및 효과 관련 그래프   ▶ 원가 관리 비용 – 성능 관계 그래프(VE, LCC)

㉘ 품질 관리 - 기법 분류, 업무 분류

기법 분류 ┌ 6σ - 과정 의존형 기법
         └ 7가지 기법 - 통계적 기법

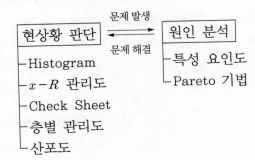

▶ 기법별 차이점

구분	통계적	6σ
대상	결과	과정
범위	부분	전체
레벨	현상	경영
목표	추상	구체적

- 업무 분류 - QM(경영) ┌ QP(계획) ┐ → QC+신뢰성+지속성
                       │ QA(보증) │
                       └ QI(개선) ┘

- 발전 흐름 - QC → SQC → TQC → TQM → IMQ → 6σ
              통계적 생산자 구매자 Intergrated Management Quility

- 현장 개선 - 교육 강화, 관리 조직 활성화, 체계 정착, 표준화에 의한 관리

Key note

② 사회 규약 – 안전/환경 관리

㉮ 안전 관리 – 목적, 중요성, 재해

┌ 목적 – 재해로부터 손실 방지, 관리 합리화

├ 중요성 – 대형화, 기계화, 복잡화

└ 재해 – 원인/Mechanism, 대책

┌ 원인/Mechanism – 안전 관리 불철저

┌ 인적 – 불안전한 행동 → 작업 ─────┐

└ 물적 – 불안전한 상태 → 기인물 → 가해물 → 재해

* 안전 보건 교육(산업안전보건법 제31조)

┌ 정기 ┌ 전 근로자 – 매월 2시간 이상

│ └ 관리 감독자 – 연간 16시간

└ 수시 ┌ 신규 채용 시 – 투입 전 1시간

├ 작업 내용 변경 시 – 1시간 이상

└ 특별 교육 – 특별 작업 종사자

└ 대책 – 재해 예방 원리 5단계 – 조사분선적

조직 구성 – 사실 발견 – 분석 평가 – 대책 선정 – 대책 적용

3S ┌ Standardization(표준화)
   ├ Simplification(단순화)
   └ Specialization(전문화)

3E ┌ Eng(기술)
   ├ Edu(교육)
   └ Enforce(규제)

Key note

212

㉯ 환경 관리 – 미치는 영향, 특수성

┌ 미치는 영향 – 공사 영향, 발파 영향
│ ┌ 공사 영향 – 공통 환인
│ │ ┌ 건설 공해 – 대소, 폐수지
│ │ │ ┌ 대기 오염 ┐
│ │ │ │   ├ – 3대 건설 공해
│ │ │ ├ 소음, 진동 ┘
│ │ │ ├ 폐기물
│ │ │ ├ 수질, 토양 오염
│ │ │ └ 지반 변위

관련법	대책
대기환경보전법	비산 먼지 발생 억제
소음진동규제법	저소음/저진동 장비, 방지/저감 시설 설치
폐기물관리법	지정 폐기물(폐유, 폐석면 등), 건설 폐기물
수질환경보전법	토사 유출 저감 시설, 오폐수 처리 시설 설치, 수직(침하), 수평(경사) 변위 보강 및 계측

│ │ ├ 교통 영향
│ │ ├ 환경 파괴
│ │ └ 인접 영향 – 구조물, 지반, 지하수
│ └ 발파 영향 – Con'c에 미치는 영향 – 양제기
│   ┌ 양생 ┌ 양생 초기 – 긍정적 – 진동 다짐, 수화 촉진
│   │   └ 양생 후기 – 부정적 – 초기 균열

                                           * 초기, 후기 : 5~10시간 기준

│   ┌ 제어 ┌ 발생원 – 저소음/저진동 공법, 장약량 저감
│   │   ├ 전파 경로 – 진동(Trench, 50% 감소), 소음(방음벽, 토사벽, 10~15dB 감소)
│   │   └ 수진자 – 이동
│   └ 기준 ┌ 소음 – 주간 발파 소음 60dB 이하
│   └ 진동 – 가문조아(0.1, 0.2~0.3, 0.3, 0.4)
└ 건설 공해의 특수성 – 직접 012 – 직접 활용, 공공성, 일관성, 이동성

2) 순서

Plan - Do - Check - Action

3) 수단

① 수단(5M) - Man, Machinary, Material, Method, Money

↓ ← 목적(4ER) - 공정(Faster), 원가(Cheaper), 품질(Better), 안전(Safer)

② 목표(5R) - Right Price / Product / Quality / Quantity / Time

Key note

(3) 경영 관리 – Claim 관리, Risk 관리

1) Claim 관리 – 문원대형검

① 분류 – 발주자, 시공자, 사용자에 의한 Claim

② 원인 ┌ 계약서, 계약 당사자간의 행위
　　　　├ 불가항력적 사항
　　　　└ Project의 특성

③ 대책

㉮ 방지 – 클레임 방지 및 관리 위한 – 위원회 설치, 기구 신설, 제도 개선,
　　　　　　　　　　　　　　　　　　　　　System 구축

㉯ 해결 – 대체 분규 해결 방안(ADR, Alternative Dispute Resolution)

┌ 정의 – 소송 방지를 위한 자발적 분규 해결 방법 → 법적 구속력 없음
└ 장점 – (자발적 / 우호적) 합의 노력 → (적용 법규 / 장소 선정) → (상호 신뢰 / 비용 절감)

④ 형태 – D-CAS

┌ Delay(공기 연장 여부) – 수용 ○(보상 가능, 보상 불가), 수용 ✕
├ Change of Site Condition
├ Accelation
└ Scope of Work

⑤ 흐름

협의 ─┬ 타결
　　　└ 결렬 ─┬ 중재
　　　　　　　└ 조정 ─┬ 승복
　　　　　　　　　　　└ 불복 – 소송

Claim – 당사자간 해결
Dispute – 분쟁

▶ 중재와 소송의 차이점

구분	중재	소송
기간	단기	장기
판정	법조인외	법조인
공개	공개	공개
금액	저가	고가

⑥ 사례(현장) - 발주처에서는 질의 요청 - 회신은 갑과 을이 합의하에 결정

㉮ 7호선 연장 - 계약서상 E/S는 계약 공정률 적용 - 발주처 예산 부족으로
공정 지연 - 실적 공정률 적용 사례

㉯ 9호선 - 공기 연장에 따른 간접비 보상 문제

2) Risk 관리 - 단계, 함수

① 단계 - 식별 → 분석 → 대응 → 관리

└──→ 회피(이익 포기), 전가(보험),

제거(적극 대응), 보유(기지/미지)

② 함수 - Risk = f(불확실성, 손해×손실×상해)

Key note

3 시사 = 제도+건설 정보화+부실 시공

(1) 제도 – 문도단쟁효추

1) 도입 전

① 문제점 – 비비비 : 비체계성, 비효율성, 비용/시간 증가

② 도입 배경 – 국투기생 : 국제화, 투명화, 기술력↑, 생산성↑

2) 도입 시

① 단계별 구축 – 1, 2, 3단계 : 1단계(기반 조성, 시범 실시), 2(시범 실시 확대), 3(통합, 의무 시행)

② 쟁점 사항 – 실효연장 : 실효성, 효용성, 연계성, 장래성

3) 도입 후

① 효과 – 공공문서투기 : 공기↓, 공비↓, 문서 절감+정보 관리 D/B, 투명성 확보, 기술력↑

② 추진 계획(추진 전략) – 효선사투지 : 효율화, 선도화, 사회 간접 자본화, 투명화, 지식화

Key note

(2) 건설 정보화 – 정의, 필요성, System(RFID, USN)

1) 정의

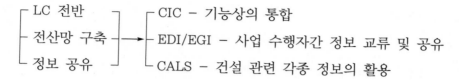

```
 ┌ LC 전반 ─┐    ┌ CIC – 기능상의 통합
 ├ 전산망 구축 ├─→ EDI/EGI – 사업 수행자간 정보 교류 및 공유
 └ 정보 공유 ─┘    └ CALS – 건설 관련 각종 정보의 활용
```

2) 필요성(효과)

공공문서투기 : 공기↓, 공비↓, 문서 절감+정보 관리 D/B, 투명성 확보, 기술력↑

3) System(정보 체계)

CALS > CITIS > PMIS

| 발주자와 | 발주자와 | 발주, 감리, 시공자간 |
| 입찰자 | 계약자 | 공사 관련 정보 공유 |

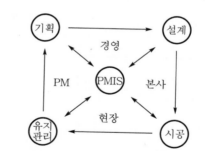

* 발주자, 감리사, 설계사, 시공사와의 관계,
Communication 전산화 + 각 사의 사례

▶▶ PMIS 모식도

(3) 부실 시공 – 기술적, 제도적 문제점/대책

1) 기술적

구분	문제점	대책
공정 관리	급속 시공, 공사 지연	PERT, CPM 공정 관리
원가 관리	적자 발생, 예산 낭비	EVMS, VE 실시
품질 관리	인식 부족, 체계 미흡	상벌 강화, QM 확립
안전 관리	재해 발생	교육 지도, PQ 반영
환경 관리	공해 유발	교육 지도, PQ 반영

2) 제도적

구분	문제점	대책
예가 산정	불합리한 원가 계산	실적 공사비 방식
입낙찰제	사전 담합	발주 제도 다양화
심사 제도	공정성, 전문성 부족	심의/기술위원 통합
하도급제	불공정 거래, 저가 하도	기성 감시, 저가 심사제

Key note

건설현장에서 축적된 다양한 경험이 녹아 있는

건설현장의 안전관리 지침서!

Contents

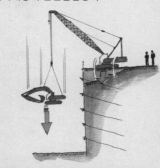
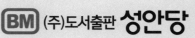
BM (주)도서출판 성안당

21세기 토목시공기술사(강의노트)

2011. 9. 9. 초 판 1쇄 발행
2023. 2. 22. 초 판 12쇄 발행

지은이 | 신경수, 김재권
펴낸이 | 이종춘
펴낸곳 | BM ㈜도서출판 성안당

주소 | 04032 서울시 마포구 양화로 127 첨단빌딩 3층(출판기획 R&D 센터)
　　　 10881 경기도 파주시 문발로 112 파주 출판 문화도시(제작 및 물류)

전화 | 02) 3142-0036
　　　 031) 950-6300
팩스 | 031) 955-0510
등록 | 1973. 2. 1. 제406-2005-000046호
출판사 홈페이지 | **www.cyber.co.kr**
ISBN | 978-89-315-6923-0 (13530)
정가 | 26,000원

이 책을 만든 사람들
기획 | 최옥현
진행 | 이희영
교정·교열 | 류지은
전산편집 | 더기획
표지 디자인 | 박원석
홍보 | 김계향, 유미나, 이준영, 정단비
국제부 | 이선민, 조혜란
마케팅 | 구본철, 차정욱, 오영일, 나진호, 강호묵
마케팅 지원 | 장상범
제작 | 김유석

www.cyber.co.kr
성안당 Web 사이트

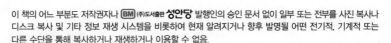